ISBN 978-3-743-11724-2

Autor : Dr. Hans-J. Dammschneider

Bibliographische Information:
Die Deutsche Nationalbibliothek verzeichnet diese Publikation in der Nationalbibliographie; detaillierte bibliographische Daten sind im Internet über http://www.dnb.d-nb.de abrufbar.

© : 2016 Inst.für Hydrographie, Geoökologie und Klimawissenschaften,
            Dr. Hans-J. Dammschneider
Herstellung
und Verlag : BoD – Books on Demand, Norderstedt

ISBN   : 978-3-743-11724-2

Auflage   : 2017-1

Vorwort

„Dass man uns (…) alle paar Meter ein schlechtes Gewissen einreden will, weil wir den Untergang der Welt mitverantworten sollen, ist eine historische Konstante. Kohlenstoffdioxid (CO_2) ist der neue Borkenkäfer, der neue saure Regen. Während in den achtziger Jahren noch der Wald sterben sollte, geht es heute um weit apokalyptischere Szenarien, mit denen (…) Politik und Wissenschaft drohen, sollten wir nicht sofort unseren Kohlenstoffdioxid-Ausstoss dramatisch senken. Ob das tatsächlich eine wissenschaftliche oder eher eine politisch-wirtschaftliche Frage ist, können wir hier auch nicht endgültig beantworten, aber Zweifel sind immer angebracht, wenn es um einfache Wahrheiten geht." (D.SCHNAPP, Weltwoche 43/2016).

So nett gedacht und tatsächlich so kompliziert zu beantworten … „das mit dem CO_2"!

Was man aus den Worten spürt, ist eine gewisse Skepsis, ob die Wissenschaft es sich nicht oftmals zu einfach macht, wenn sie Klimawandel so sehr auf den Faktor CO_2 reduziert. Der mit dem Klima-Thema oft verbundene ´Alarmismus´ beginnt vielen Bürgern auf den Nerv zu gehen und David Schnapp greift dies zu Recht auf.

Ob sie, die Klimatologie, das wirklich so alarmistisch meint, sei dahin gestellt … in der öffentlichen Wahrnehmung kommt es allerdings vermehrt so an (siehe oben)! Nun scheinen jedoch Stimmen auch in der Klimaforschung an Gewicht zu gewinnen, denen die Diskussion um´s CO_2 fast bereits (ebenso) ein wenig zu viel wird. Grund ist, dass selbst bei renommierten Instituten in Diskussionen schon mal gereizt das trotzige Wort „egal" hingeworfen wird, wenn man sich kritischen Überlegungen zum CO_2 stellen muss. Und die meist zur Sprache gebrachte Frage ist: Gibt es denn nicht *doch* auch noch andere Faktoren neben dem CO_2, die vielleicht *auch* eine Rolle im globalen Raum spielen könnten?

Es ist zugegeben nicht einfach, sich dem mainstream zu widersetzen. Auch nicht in der Wissenschaft vom Klima. Aber wir wissen doch durchaus, dass es neben dem CO_2 noch andere „Missetäter" im Sinne einer anthropogen beeinflussten Umwelt gibt/geben muss/ geben kann.

Aber es ist bisher nicht wirklich gelungen, ihnen auf die Spur zu kommen?!

Diese dem Artikel vorangestellten Bemerkungen von David Schnapp, vor allem der Nebensatz „Zweifel sind immer angebracht, wenn es um einfache Wahrheiten geht", haben den Autor nicht zuletzt dazu veranlasst, doch nochmals bei Wetter und Klima genauer hinzuschauen. Wie kommt es eigentlich vom „Wetter" zum „Klima" und welche Faktoren (neben dem unvermeidlichen CO_2) spielen dabei eine Rolle. Und gibt es eventuell doch noch Dinge, die man zwar angeblich kennt, deren Stellenwert man jedoch bisher vielleicht ungenau eingeordnet hat?

Auch die Wissenschaft besitzt in ihrer Sicht bisweilen sogenannte blinde Flecken. Manchmal müssen erst ´Aussenseiter´ kommen, um Offensichtliches auszusprechen … Betriebsblindheit ist ein weitverbreitetes Phänomen. Alfred Wegener wurde als Meteorologe (!) für seine wissenschaftlichen Ausflüge in die Geologie viele Jahre schmählich behandelt, heute ist die von ihm vorgedachte Plattentektonik Stand des Wissens und niemand zweifelt mehr ernsthaft an der „Drift der Kontinente", wie sie Wegener bildhaft beschrieb.

Kann es sein, dass auch die Wissenschaft vom Klima/die Klimatologie erst einer Analogie bedarf, um ein besseres Verständnis für die Veränderungen der Welttemperaturen zu bekommen? Was denken sie spontan, lieber Leser, wenn vom (flüssigen) Wärmespeicher ihrer Gebäude-Heizung gesprochen wird? An Klima, besser „Wohlfühlklima" vielleicht?

Bei der Heizung wissen sie: Wenn man wärmeres Wasser im System hat, wird die Wohnung kuschelig-angenehm … wenn auch mit einer gewissen Verzögerung, denn vielleicht haben Sie zusätzlich auch noch eine Umluftanlage? Wenn sie den Regler jedoch ´runterstellen´ und das Wasser im Speicher der Heizung sich abkühlt, wird auch ihre Wohnung an Temperatur verlieren … trotz „Umluft".

Könnten sie sich vorstellen, dass so etwas Vergleichbares über die Ozeane (als „Warmwasserspeicher" der Erde) funktioniert, wenn man den Energieinhalt der Wassermassen der Meere quasi als *Regulator* für die Welt-Lufttemperaturen ansieht? ***Was*** den Warmwasserspeicher „auflädt" oder „abkühlt" ist dabei eine andere Sache … ***dass*** allerdings die Temperaturen des Pazifik (PDO, Pazifische Dekaden Oszillation) und des Atlantiks (AMO, Atlantische Multidekaden Oszillation) sich laufend verändern, ist bekannt. Sind PDO/AMO (vielleicht zusammen mit der AMOC sowie der ENSO *) massgebende Stellglieder einer Art weltweit wirksamen "Warmwasser-Heizung mit Umluft"?

*) AMOC = **A**tlantic **M**eridional Overturning Circulation , ENSO = **E**l **Ni**ño-**S**outhern Oscillation

Wenn aus Wetterdaten „Klima" wird …

der Einfluss ozeanischer Zyklen aus PDO und AMO auf die Temperaturtrends der Schweiz

1 Einleitung

Wie aus Wetter Klima wird, scheint auf den ersten Blick recht eindeutig: Aus den absoluten und tatsächlich gemessenen Werten von Temperatur oder Niederschlag (an einer meteorologischen Station) werden statistische Mittelwerte (des jeweiligen Ortes). Und aus diesen über die Zeit zusammengefassten Datenreihen des „Wetters" einer Station werden Informationen über tendenzielle Veränderungen des „Klimas" einer Region errechnet … d.h. aus den kurzzeitigen Aufzeichnungen des *Wettergeschehens* eines Ortes folgt eine Darstellung der *langfristigen Klima-Entwicklung* eines Gebietes.

Während man „Wetter" direkt wahrnehmen kann, ergibt sich „Klima" als eine eher intellektuelle Zahlenreihe, die nur aus der rechnerischen Zusammenfassung von meteorologischen Mittelwerten besteht. Streng genommen ist also das Klima an sich gar nicht direkt bestimmbar, sondern **nur das *Wetter*** kann in seinem Verlauf punktuell-konkret und datenmässig erfasst werden ... erst *daraus* wird dann das Klima statistisch-mathematisch „gemacht".

Hierbei sind also zwei Dinge wichtig, die vordergründig trivial erscheinen, aber dennoch oft nicht präzise genug gesehen werden: a) Klima kommt immer „aus dem Wetter" und b) Wetter findet genau genommen immer nur an einem definierten Punkt statt, während das Klima auch für dessen (mehr oder weniger grossräumige) Umgebung gilt. Anders ausgedrückt: Während es in Genf-Cointrin bei 20 Grad C vielleicht regnet, kann es im rd. 10 km entfernten Genf-Meinier eventuell nur 18 Grad C haben und trocken sein. Dennoch gelten die Klimatabellen von „Genf-Cointrin" für die gesamte Region rund um Genf. Es wird unterstellt, dass das chaotische Verhalten, welches lokales Wetter immer besitzt, statistisch ausgemittelt werden kann und auf ein grösseres Areal übertragbar ist.

Entscheidend für die Qualität von Klimadaten ist die Sorgfalt, mit der die dafür notwendigen Wetterdaten aufgezeichnet und ausgewertet werden. Fehlerhafte Messungen zum Wetter können sozusagen ein ´falsches´ Klima erzeugen! Viele Arbeiten (u.a. HAGER 2013) zeigen, dass die Vergleichbarkeit in der Datenerfassung über die Zeit bzw. das Ignorieren von Veränderungen im Umfeld von Wetterhütten (siehe u.a. LIMBURG 2010) bereits ein falsches Bild des Klimas entstehen lassen können. Messtoleranzen oder Gerätefehler, die regelmässig auch in der Wetteraufzeichnung auftreten, stossen schon für sich alleine und ganz leicht in Grössenordnungen, die genau jenen entsprechen, die wir dann schon mal voreilig sogar als „Klimawandel" bezeichnen?! Das Gleiche gilt für die Wahl des jeweiligen Standortes einer Messstation: Fehler bei der Einrichtung können durchaus langfristige Folgen für den Werteverlauf des Klimas haben.
Die Welt ist gross und preussische Genauigkeit (oder auch ´schweizerische Präzision´) sind selbst in diesen Ländern, die den Begriffe je für sich einmal geprägt haben, leider eine auch nicht mehr in jedem Fall anzutreffende Eigenschaft. Das meint keineswegs den menschlichen Faktor allein und über die oft notgedrungen (im wahrsten Sinne des Wortes) existierenden technisch-logistischen Defizite vieler Länder der 3.Welt bzw. auch von Schwellenländern reden wir hier gar nicht erst.

Wir haben es schon angesprochen: Klima ist sozusagen immer nur ´regionalisiert´ anzutreffen. Es sind in jedem Fall „Zonen", für die man den Verlauf des lokalen Wetters zu einem

´höherwertigen´ Zustand, dem Klima eines Gebietes eben, zusammenfasst. D.h., der einzelne Ort/der lokale Messpunkt hat zunächst einmal nur **Wetter**, erst im Zusammenspiel mit seiner jeweiligen Umgebung besitzt er dann auch ein (lokales) **Klima**. Sicher ist ebenso: Ein alles umfassendes „Weltklima", also ein Klima der gesamten globalen Ausdehnung gibt es nicht bzw. kann es aus ganz praktischen Gründen gar nicht geben. Das meint, ein Klima kann prinzipiell nicht global sein, da „Klima" grundsätzlich und immer nur eine Vereinfachung von Wetterdaten zu einer mehr oder weniger gut ´begreifbaren´ Idee einer kleinräumigeren Lebensqualitätszone ist … und die ist **nicht global** vorstellbar. Klima ist in jedem Fall *differenziert*! Die alten Klimatologen von A.PENCK, TROLL & PAFFEN über W. KÖPPEN bis W.LAUER oder H.FLOHN u.a. mehr, die alle auch Geografen waren, drehen sich beim Gedanken, es gäbe eine Art „Weltklimazone" sicherlich im Grabe um.

Schauen wir kurz auf die seit langem bekannten *Zonen* des Klimas: Es gibt die Tropen, es gibt das Klima der borealen Zone (kaltgemässigt), es gibt die polare und die subpolare Zone u.a. mehr. Die kühlgemässigte Zone (nemoral) ist ein Begriff, ebenso wie die Subtropen und deren jeweilige Varianten bekannt sind. Es gibt sogar den Begriff des Stadtklimas oder des Weinbergklimas (bodennahe Luftschicht). All diese Zonen sind aus guten Gründen, nämlich der Möglichkeit zur *Abgrenzung*, je für sich genau definiert.

Natürlich (im wahrsten Sinne des Wortes) kann sich innerhalb einer Klimazone auch etwas ändern. D.h. Klimazonen können sich z.B. ausdehnen … worauf benachbarte Klimazonen schrumpfen müssen. Die Erde ist rund und Klimazonen können sich auch mal **verschieben** … was noch kein „Klimawandel" ist, sondern nur das natürliche Geschehen innerhalb einer dynamischen Troposphäre darstellt, welche zwischen 8km (Pole) und 18km (Äquator) hoch ist und in Wechselwirkung zu den unterlagernden Kontinenten und Ozeanen steht, den belebten wie unbelebten, den anthropogen beeinflussten wie den „natürlichen" Gebieten.

Klimawandel ist erst dann gegeben, wenn sich Klimazonen **inhaltlich verändern**, also z.B. insgesamt wärmer werden oder mehr Niederschlag erfahren. Wobei die Frage ist, ob es „Klimazonen" auch in anderer Form als ´nur´ jener der bisher üblichen Definition gibt. Könnten zum Beispiel die Ozeane mit der in ihnen gespeicherten Energie auch eine Art „Klimazone" sein, sprich einen Wärmespeicher darstellen, der bei Veränderungen der äusseren Temperaturzufuhr/Temperaturabgabe „Klima" wandeln kann? Der Autor kommt darauf zurück!

Wir haben es schon ausgeführt: Klima ist die Zusammenfassung von „Wetter" zu einem regionalisierten Mittelwert. Natürlich ist es mathematisch machbar, *alle* meteorologischen Daten dieser Welt zu *einer* Kernzahl zusammenzufassen. Aber was sagt uns das dann? Dass es z.Zt. global wärmer wird beispielsweise. Okay. Aber das ist per se noch keine Aussage zum Klima sondern nur ein Hinweis, dass insgesamt auf der Erde Schwankungen im Wetterverhalten zu beobachten sind, die auch mal zu mehr (und dann auch mal wieder weniger) hohen Luft- und Wassertemperaturen führen. Und das geschieht praktisch immer und überall … und meist vorübergehend, weil veränderlich bzw. auf Zyklen aufbauend. Bis 1998 stiegen die Temperaturen z.B. in Mitteleuropa an, seitdem stagnieren sie … werden sie mittelfristig auch wieder fallen? Die Klimamodellierer oder die sogenannten Klimaalarmisten werden diese potentielle Zukunft momentan noch bestreiten, die Verfechter eines stärkeren solaren Einflusses sehen diesen Verlauf jedoch allein bereits wegen der nachweislich deutlich abnehmenden Sonnenfleckenzahl als nahezu unvermeidlich voraus.

Es ist sozusagen modern, Klima zunehmend auf eine Art „Mess"-Zahl zu konzentrieren. Am berühmtesten ist hier ohne Frage und wie gesagt die Temperatur. Diese schlichte Reduzierung ist allerdings kein wirklich guter Weg. Denn Zahlen sind keineswegs immer objektiv, dies täuscht. Zahlen sind eine rein mathematische Beschreibung. Eben. Aber Zahlen „leben" nicht wirklich. Das meint: Klima ist vor allem auch ein Gefühl … kalt, wärmer, trocken, feucht, nass usw. .

Prüfen wir ´das´ Klima genauer, dann schauen wir, wie sich die Zahlen *entwickelt* haben. Gibt es Trends im Verlauf? Bedingung für dieses Vorgehen ist, dass alle Zahlen *vertrauenswürdig* sind. Es klang schon an und dummerweise gab und gibt es hieran, an der Vertrauenswürdigkeit nämlich, durchaus mal Zweifel … nicht nur *eine* Veröffentlichung beklagt, dass gerade in Temperaturaufzeichnungen auch mal (nachträglich) manuell eingegriffen wurde. Der Verdacht besteht, dass nicht immer nur technische Fehler danach verlangten sondern auch schon weniger hehre Ziele dahinter gestanden haben könnten. Leider wurden diese (durchaus nicht böswilligen) Hinweise auf Datenveränderungen, weil sie oft wohl auch von sogenannten „Klimaskeptikern" stammen, überwiegend ignoriert.

Das kann nicht befriedigen, selbst wenn die (meist) staatlichen meteorologischen Dienste energisch bestreiten, dass *sie* es seien, die ihre eigenen Messwerte verändern. Allerdings hat es auch da durchaus Kritiker, die beispielsweise die sogenannte Homogenisierung von Daten durch die Wetterdienste schon mal unter der Rubrik „Manipulation" (Begriffsbedeutung: gezielte Beeinflussung) subsumieren.
Das mag zugegeben oftmals ungerecht sein, natürlich vor allem dann, wenn Messgeräte tatsächlich einmal fehlerhaft gearbeitet haben und man dies nachträglich erkennt und korrigiert (siehe dazu später die Station ´Genf´). Für Datensammel-Dienste wie beispielsweise das GISS (**G**odard **I**nstitut for **S**pace **S**tudies) jedoch sind die Vorwürfe, man verändere bewusst (aber ohne erkennbaren Grund?!) bereits zu dicht, als dass man noch von Zufall reden darf. Könnte es vielleicht tatsächlich so sein, dass die sarkastische Bemerkung von Mark Twain „Jeder meckert über das Wetter, aber keiner tut etwas dagegen" inzwischen von manchen Aktivisten durchaus Ernst genommen und in die Tat umgesetzt wird? Oder wie der TESLA-Vorstand am 28.10.2016 auf einer Pressekonferenz, wo es um die Ankündigung neuartiger Solarmodule für konventionelle Hausdächer ging, sagte: „Die Erderwärmung ist eine ernste Krise und wir müssen etwas dagegen unternehmen" (*). Mario Draghi hat bei „seinem" Problem grosszügig gemeint: „Whatever it takes"!
Wie dem auch sei. Verwundert muss man auf jeden Fall schon sein, dass die meteorologischen Länderdienste, z.B. auch so renommierte Institutionen wie die Schweizerische MeteoSwiss, Ansätzen zur Veränderung von Messwerten (durch Dritte) nicht stärker ent-

---

(*) Während Mark Twain beim Wetter nur seinen Spass hatte, geht es TESLA (und anderen von der Energiewende profitierenden Unternehmen) beim Klima um´s Geldverdienen … das Retten der Welt mag dabei auch eine Rolle spielen, ob es aber wirklich das Wichtigste ist, sei dahingestellt.

gegenwirken oder zumindest deutlicher erklären, wenn und das „ihre" Daten durch andere verändert wurden und werden. Denn, wie gesagt, bei Zahlen geht es vor allem auch um *Vertrauen.* Warum sollte man das durch Dritte erschüttern lassen?

Das Thema „Vertrauen" ist aber auch aus einem anderen und wesentlichen Grund ein gewichtiger Punkt: *Alle* Zukunftsaussagen zum zu erwartenden Klima der nächsten Jahre und Jahrzehnte nämlich stützen sich *ausschliesslich* auf Modellrechnungen! Modelle kann man allerdings *nur* dann vertrauenswürdig rechnen, wenn die Datenbasis dafür auch korrekt zustande gekommen ist. Und, ganz wichtig, wenn dafür getroffene Annahmen richtig sind, zum Beispiel, dass das CO_2 „der" Faktor für eine weitergehende und weltweite Temperaturzunahme ist und der Einfluss der Sonne, ansatzweise erkennbar über die Sonnenfleckenzahl, sozusagen (und im Vergleich zur Wirksamkeit des CO_2) vernachlässigbar sei. Oder das die **P**azifische **D**ekaden **O**szillation bzw. die **A**tlantische **M**ultidekaden **O**szillation (PDO und AMO) zwar ´irgendwie´ eine Rolle im Wettergeschehen spielen, ihre Wirkung auf´s Klima jedoch eher unbekannt ist?

Man sollte bei den für unsere Wetter- und Klima-„Steuerung" massgeblichen Elementen keinen vergessen zu berücksichtigen. Dass das allerdings offenbar doch passiert, wird in diesem Text dargestellt werden. AMO und PDO kennt jeder Ozeanograph ... aber kennen auch die Klimatologen diese Phänomene? Ist den Klimamodellierern bewusst, dass über 70% der Erdoberfläche von Ozeanen bedeckt sind und dass davon wiederum rd. 75% vom Atlantik und dem Pazifik eingenommen werden? Und wissen wirklich auch die Klimatologen, wie z.B. die Warmwasserheizung in ihrer Wohnung funktioniert? Kennen Klimatologen Analogien? Gibt es eine ´Umluft´ denn nur in Gebäuden mit „Minergie"-Standard?

Was wäre, wenn wir auf der Erde neben der Sonne (Strahlungswärme), dem Treibhauseffekt (Wärmerückhalt) auch noch so etwas wie eine Art „Warmwasserheizung" (mit Wärmespeicher und Umluftsystem) hätten? Welche Merkmale und Effekte könnten wir daraus für´s Klima erwarten? Und lässt sich das vielleicht sogar am Beispiel der städtischen Stationen GENF und ZÜRICH oder der mediterranen Station GENUA oder (umfassender) sogar für das nördliche Nachbarland der Schweiz, nämlich Deutschland (gesamthaft) zeigen?

2   Von der Aufzeichnung und Darstellung ...

Wer in Deutschland oder der Schweiz das Wetter misst (also Wetterdaten erhebt), wissen wir. Und wie daraus dann Klima wird, haben wir grundsätzlich wohl ebenso verstanden. Das müssen wir hier nicht ´klein-klein´ und erneut auftischen. Welche *Einrichtungen* aber sind es, die diese weltweiten Klimadaten dann letztlich *zusammenfassend* sammeln, verwalten und offenbar auch ´weiterführend´ aufbereiten?

Wir kennen hier vor allem die amerikanischen Institutionen, wie die NOAA (National Oceanic and Atmopheric Adimistration) mit den UAH- oder RSS-Datensätzen (Satelliten-Daten), hadCRUT4, CRUTEM4 oder HadSST3. Die Kontinental-Europäer halten sich in diesem Metier zurück, nur Grossbritannien ist u.a. mit dem Hadley Center offensiver dabei ... obwohl die EU ansonsten sehr viel regelt, hat sie (bisher) noch keine wirklichen Anstrengungen unternommen, es der NASA gleichzutun. Aber offenbar reicht es ja allen Beteiligten, wenn hier die Federführung (und die Verantwortung, auch für europäische Datenreihen) eher anderswo, d.h. primär in den USA liegt. Ob das allerdings klug ist, steht auf einem anderen Blatt und jeder Nutzer dieser Daten muss selbst entscheiden, ob er selbigen vertraut ... nachdem er z.B. einen Blick auf die GISS-Daten geworfen hat (siehe Abb. 13-14).

Welche Einrichtungen gibt es noch? Die WMO als „world-meteorological-organisation" ist primär verwaltend/ordnend und weniger wissenschaftlich ausgerichtet. Sie steht damit dem IPCC (Intergovernmental Panel on Climate Change) oft näher als ihren jeweiligen direkten Mitgliedern und Datenlieferanten wie z.B. dem DWD (Deutscher Wetterdienst). Grob zusammengefasst ist die Arbeitsteilung tatsächlich eher so, dass DWD und andere meteorologische Länderorganisationen/Institutionen das Wetter „messen", die WMO dann darüber „berichtet" und der IPCC mit den von ihr selbst (und Helfershelfern) entwickelten Klima-Ergebnissen am Ende politisiert.

Zurück zur WMO. Die Schweiz ist Heimatland dieser UN-Organisation. Genauer gesagt, ist es die Stadt Genf. Gerade in der Schweiz bzw. für die WMO-Hauptstadt Genf darf man erwarten, dass deren meteorologische Datenerfassung besonders sorgfältig (d.h. sozusagen ´mit Schweizer Präzision´) erfolgt sowie natürlich genauso exakt ausgewertet wird, um anschliessend, wie schon dargestellt, an die WMO gemeldet zu werden und dort aktenkundig zu machen ´was Sache ist´.

Zuständig für die Messstelle Genf ist MeteoSchweiz/MeteoSwiss bzw., wie es genau heisst, das Bundesamt für Meteorologie und Klimatologie, welches zum Eidgenössischen Departement des Innern gehört. Meteorologische Messungen finden in Genf seit dem Jahr 1864 statt. Allerdings reichen die Daten z.B. bei BERKELYEARTH bis zum Jahr 1753 zurück. Abbildung 1 zeigt die fortlaufend und nahezu unterbrechungsfrei seit über 150 Jahren aufgezeichneten Werte der Temperaturen, im Vergleich dazu stehen die Werte von BERKELY-EARTH (gleicher Zeitraum) in Abb. 7.
Für Genf zeigt sich seit Beginn der Messreihe ein Auf- und Ab im Temperaturgang. Etwas anderes wäre auch eine Überraschung. Und es ist in der Tat ein Beleg dafür, dass sich das Klima/der Witterungsverlauf immer wieder wandelt ... ´Klimawandel´ ist es allerdings noch nicht. Die Frage ist, ob es darüber hinaus auch einen ´richtigen´ Klimawandel gibt, also eine langfristige Veränderung z.B. der Temperaturen. Tatsächlich kann man einen Trend hin zu höheren Werte beobachten, d.h. seit 1864 haben die Temperaturen in Genf um rd. 2,25 Grad C zugenommen, seit 1753 jedoch nur um 0,9 Grad C ... .

Dies Phänomen ansich kann an vielen Messstellen der Welt beobachtet werden, teils sind es sogar höhere Beträge, teils aber auch deutlich geringere, um die sich die Welt seither ´aufgeheizt´ hat. Trotz dieser Tatsache allerdings ist es für sehr viele Klimatologen vollkommen offen, ob dies wirklich „Klimawandel" im Sinne eines auf lange Zeiträume fortzuschreibenden Vorgangs sei. Bedingung dafür wäre nämlich, dass über mindestens 30 Jahre ein durchlaufender Trend vorhanden ist. Für Genf scheint dies so zu sein (siehe rote Trendlinie in Abb. 1).

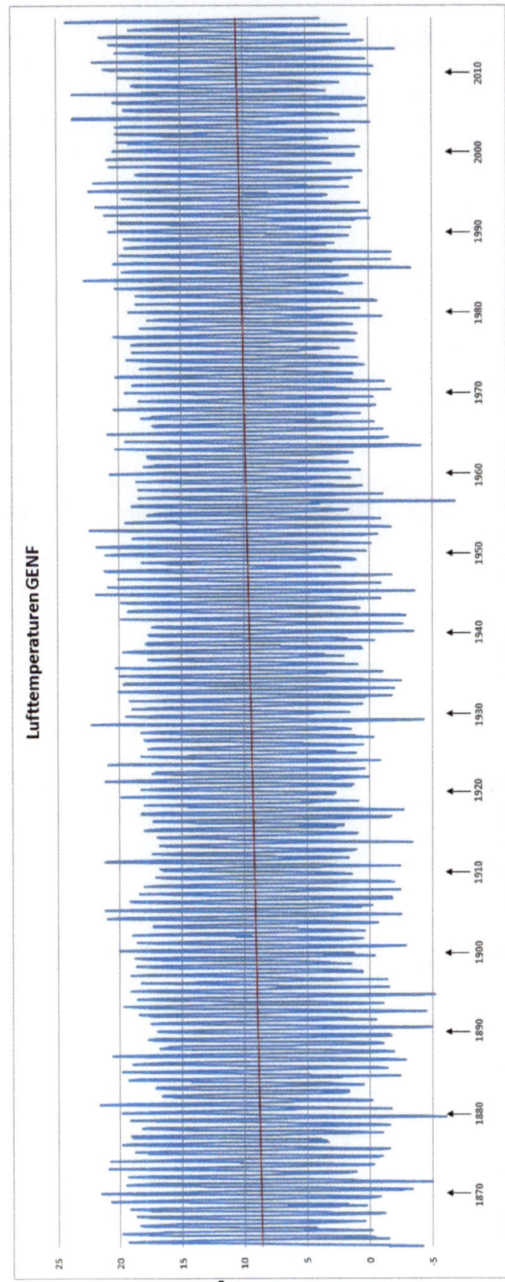

Abb. 1: Lufttemperaturen in Genf seit 1864 bis heute. Monatliche Werte in Grad C (METEOSWISS).

Trotzdem „Vorsicht". Wir Menschen sollten bitte eines nicht vergessen: Wir sind kleine Geister! Die Steuerung von Wetter und Klima jedoch ist ein Konvolut aus (fast) unendlich vielen Prozessen und Naturabläufen, die so kompliziert sind, dass wir selbige bis heute weder alle faktisch (also qualitativ) benennen können, noch das wir bisher auch nur ansatzweise eine Mehrzahl davon nach Mass und Zahl (also quantitativ) zu bewerten in der Lage sind.

Das ist tatsächlich und schlicht nachwievor nicht möglich. Allein, um nur *ein* Beispiel zu nennen, ist es noch immer unmöglich, Wolkenbildung flächenhaft vorherzusagen oder Wolken auch nur als Flächenmuster mathematisch zu beschreiben. Bewölkung jedoch, mit Verlaub gesagt, ist ganz gewiss nicht der unwichtigste Part im Geschehen … jeder von uns weiss, was eine „Abschattung" ist und welche Auswirkung sie potentiell hat. Ob sie also ´länger´ andauert oder sich ´rasch´ auflöst, ist ein gewichtiges Argument in der Beurteilung von zu erwartenden Temperaturen. Wolkenbildung jedoch wird bis zum heutigen Tag in allen numerischen Modellen nur „parametrisiert", ´gerechnet´ wird sie in keinem Fall.

Jede unvoreingenommene Kontrolle der in der Klimaforschung so beliebten Modelle zeigt unzweifelhaft: Selbst die Verifizierung in der Vergangenheit bereits abgelaufener, also prinzipiell bekannter Veränderungen des Klimas, ist nur grob und unvollständig möglich (siehe dazu sogar das IPCC 2014).

Klimawandel gab und gibt es seit Jahrmillionen. Klimawandel ist keine Erscheinung allein der anthropogen beeinflussten Neuzeit. Tatsache ist aber auch, dass der Mensch durchaus Einfluss auf´s Klima nehmen kann. Zuvorderst steht jedoch immer ersteinmal die Tatsache: „Schwankungen dominieren das Klima, nicht Trends. Im Klima ist der Wechsel das einzig Beständige" (Prof.Lauscher, Wien). Eine Trendgerade für einen Zeitraum von 1760 bis heute linear durchlaufen zu lassen, wie es BERKELYEARH tut, ist zwar statistisch machbar, klimawissenschaftlich aber dem Grunde nach unhaltbar. Denn dies würde unterstellen, dass sich mindestens *ein* Faktor als sozusagen „massgebend" von damals bis heute in eindeutiger Entwicklung quasi allein prägend durchgesetzt hätte. Aber was sollte das sein?

Die vorherrschende Meinung ist derzeit, dies sei das CO_2. Da die eigentliche Industrialisierung und damit der signifikante Anstieg der CO_2-Konzentrationen aber erst richtig ab 1880 einsetzt, ist grösste Skepsis angebracht. Allein die Abb. 2 zeigt, dass eine Korrelation zwischen der Temperaturentwicklung und dem CO_2 so simpel nicht ist. Spätestens seit 2003 stimmt sie so einfach ganz gewiss nicht mehr, egal wo man den Temperaturtrendverlauf beginnen bzw. enden lässt. Und dass es sogar noch deutlich komplizierter ist, wird später noch die Abbildung 4 zeigen.

Dabei soll gar nicht gesagt werden, dass das CO_2 keine Wirkung im Wechselgefüge der Atmosphäre besässe. Gewiss nicht. Die Entdeckung des Treibhauseffektes durch S.Arrehnius oder der Nachweis der Wirksamkeit von Spurengasen sind sicherlich richtig.

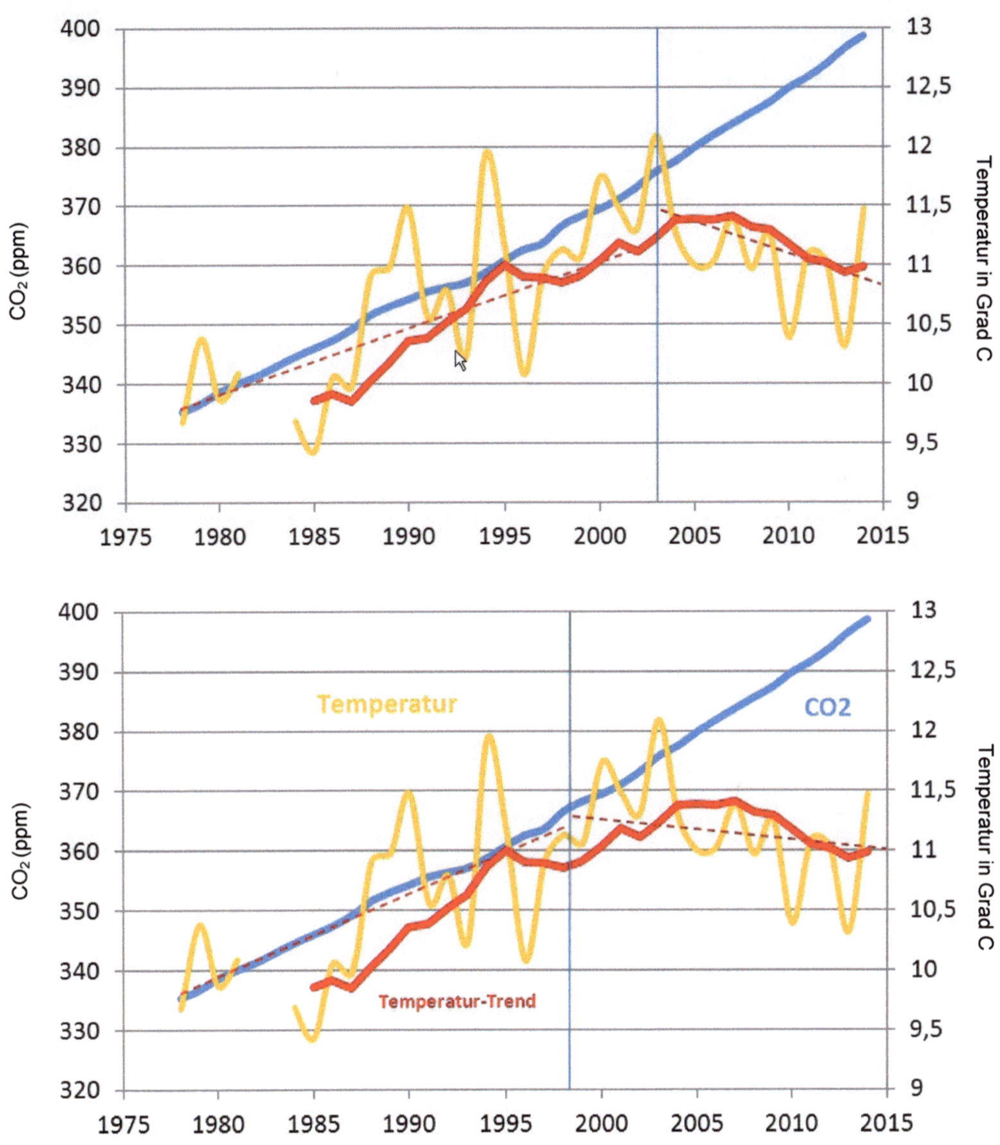

Abb. 2 : CO₂- (Mauna Loa, blau) und Temperaturverlauf für Genf (GISS, gelb). Trendberechnung der Temperatur (8-jähiges übergreifendes Mittel, rot) mit je Abbildung unterschiedlichem End- bzw. Anfangspunkt (Beispiel). Siehe dazu Abb. 4

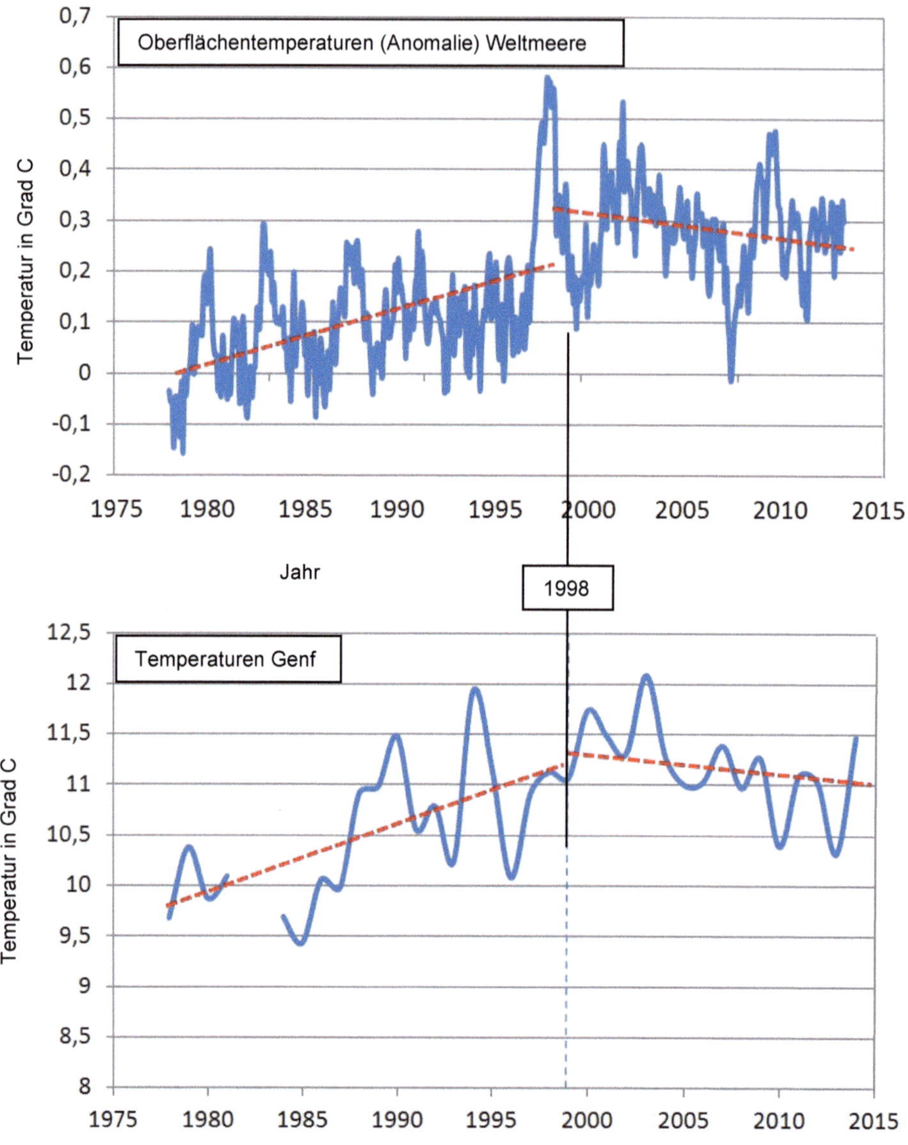

Abb. 3 : a) Oberflächentemperaturanomalien Weltmeere (www.woodfortrees.org)
b) Temperaturen Genf (GISS)
je mit linearen Trendgeraden von 1978-1998 und 1998-2014

Aber: *Wie gross* ihr jeweiliger Anteil an einer Aufheizung des Erdklimas ist, bleibt noch immer offen. Die sogenannte Klimasensitivität des CO_2 wurde ursprünglich bei 5,5 Grad C je Verdopplung des CO_2-Gehalts der Atmosphäre gesehen. „Gesehen" wohlgemerkt, nicht unbedingt gemessen. Nach Stand der Forschung wurde inzwischen diese Sensitivität reduziert, d.h. man geht z.Zt. beim IPCC noch von 1,5 Grad C bis 3 Grad C aus, viele sogar nur von 1 Grad C. Da besteht also durchaus Grund zur Vorsicht.

Natürlich hat man erkannt, dass CO_2- und Temperaturanstieg nicht so einfach miteinander korrespondieren und die Abbildung 2 lässt einen anderen Schluss auch gar nicht zu. Deshalb wurden Hilfshypothesen konstruiert. Angeblich sei der „Hiatus" (Pause der globalen Erwärmung) u.a. dadurch zu begründen, dass Wärme aus der Atmosphäre in die Ozeane stärker als zuvor ´versackt´ sei. Allerdings geben das die Messungen aus den Weltmeeren nicht wirklich her, im Gegenteil hat sich z.B. der OHC (ocean heat content) des Nordatlantiks seit 2006 deutlich abgeschwächt (siehe www.climate4you.com). Korrespondiert das eigentlich mit der Entwicklung der ozeanischen Temperaturschwankungen, sprich der PDO (Pazifische Dekaden Oszillation) und der AMO (Atlantische Multidekaden Oszillation)?

In den Temperaturverläufen zwischen Ozeanen (Wasser) und Genf (Luft) der Abb. 3 zeigt sich durchaus ein gewisser Gleichklang. Nun ist Genf ja vieles, aber ganz gewiss nicht maritim verortet. Die Korrelation verblüfft also zunächst, heisst dies doch, dass die ozeanische Temperaturentwicklung mit jener der kontinentalen Station GENF gekoppelt sein müsste. An und für sich ist dies ja auch nicht so überraschend. In der Einleitung wurde bereits die Tatsache dargelegt, dass von der gesamten Erdoberfläche über 70% durch die Ozeane bedeckt sind und davon wiederum 75% von Pazifik und Atlantik. Dass aus diesem ungeheuer grossen Wärmespeicher (Wasser besitzt von allen bekannten festen oder flüssigen Stoffen, ausser Ammoniak, die höchste Speicherfähigkeit) keine Rückwirkung auf die Lufttemperaturen weltweit zu erwarten seien, kann man nicht ernsthaft annehmen. Manchmal kommt man aber nicht sofort auf eine so einfache Lösung … . Vielleicht auch deshalb nicht, weil die Meere ´an sich´ keine meteorologische Grösse sind, die Temperaturen des Pazifik (u.a. in Form der PDO) oder des Atlantiks (u.a. in Form der AMO) nicht an meteorologischen Messstellen aufgezeichnet, sondern ´nur´ von der amerikanischen NOAA in Form von Satellitenmessungen publiziert werden?
Sicher ist: *„Der"* Wärmespeicher der Erde sind die Ozeane! Damit ist *nicht* gesagt, **was** die Temperaturen der Ozeane „nach oben" (wärmer) oder „nach unten" (kühler) treibt. Dafür stehen zwar Gedankenmodelle zur Diskussion und letztlich ist es ohnehin die Sonne, die unsere Welt-„Heizung" befeuert. Aber *dieser* Gelehrtenstreit soll und kann an dieser Stelle nicht auch noch aufgegriffen werden (siehe aber auch Kapitel 4). Hier steht erst einmal nur im Zentrum, **dass** die Luft-Temperaturen einer kontinentalen Messstation in ihren jeweiligen **Trend-Verläufen** offenbar den Temperaturen der Weltmeere folgen.
Hat das noch niemand (ausser in einer Betrachtung für die USA, siehe D'ALEO&EASTERBROOK, 2011) versucht für unsere europäischen Wetter- und Klimastationen zu zeigen? Scheinbar nicht. Jedenfalls sind dem Autor keine bekannt … . Schauen wir deshalb nochmal genauer auf unsere Station GENF-Cointrin: Mit Abb. 4 wird der Temperaturverlauf der Messstelle Genf genauer aufgeschlüsselt. Es zeigt sich, dass es alles schon mal gab: Es wurde mal vorübergehend kälter (nämlich z.B. 1900 bis 1920 oder 1940 bis 1970) und dazwischen hatte es Perioden, in denen die Temperaturen klar anstiegen (1920 bis 1940

und 1970 bis 2000). Seit 2000 befinden wir uns in einer „Stillstandsphase"/einem sogenannten Hiatus … und stehen wieder einmal vor dem ´Abkippen´ in Richtung kühlere Temperaturen?

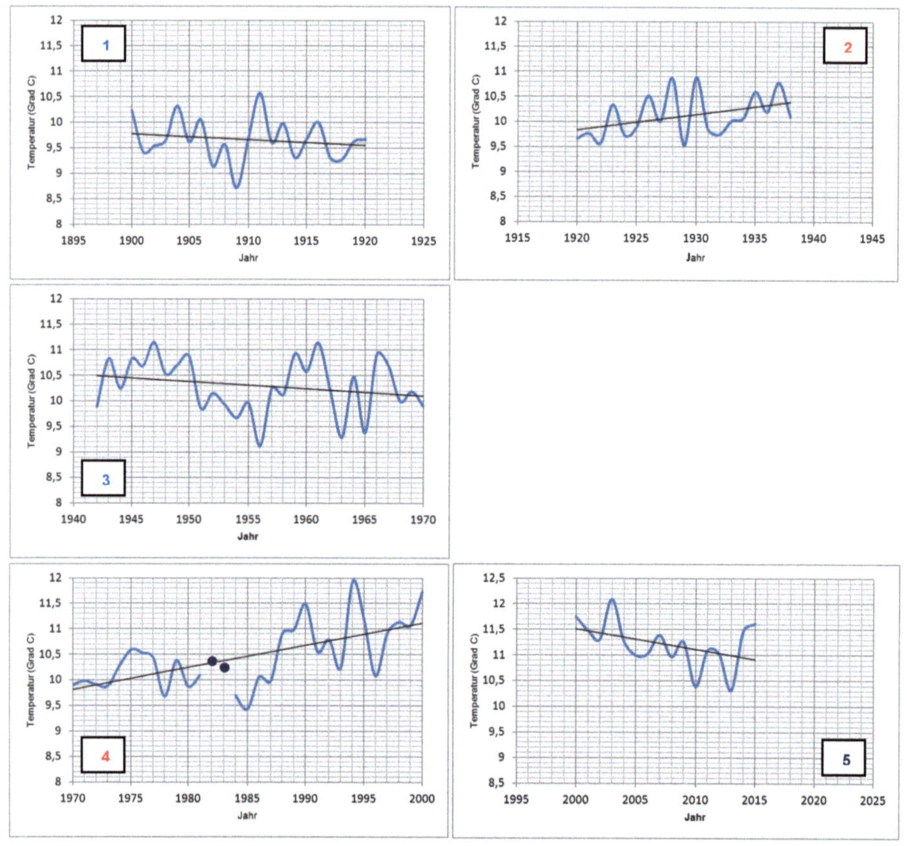

Abb. 4 : Temperaturverlauf Station Genf-Cointrin nach GISS (siehe auch Abb. 6)
    ● = homogenisierte Daten von MeteoSwiss (1982-1983 hat GISS keine Wertangaben)
    1 bis 5 = Zeiträume unterschiedlicher Trends

Schon VAHRENHOLT & LÜNING (2012) haben auf die PDO und die AMO als wichtige Elemente der weltweiten Klimasteuerung hingewiesen. Machen wir es doch einmal *konkret* und übertragen die Genfer Temperaturtrends aus den Grafiken der Abbildung 4 auf die Ozeanischen (Temperatur-)Zyklen von PDO und AMO (Abb. 5):

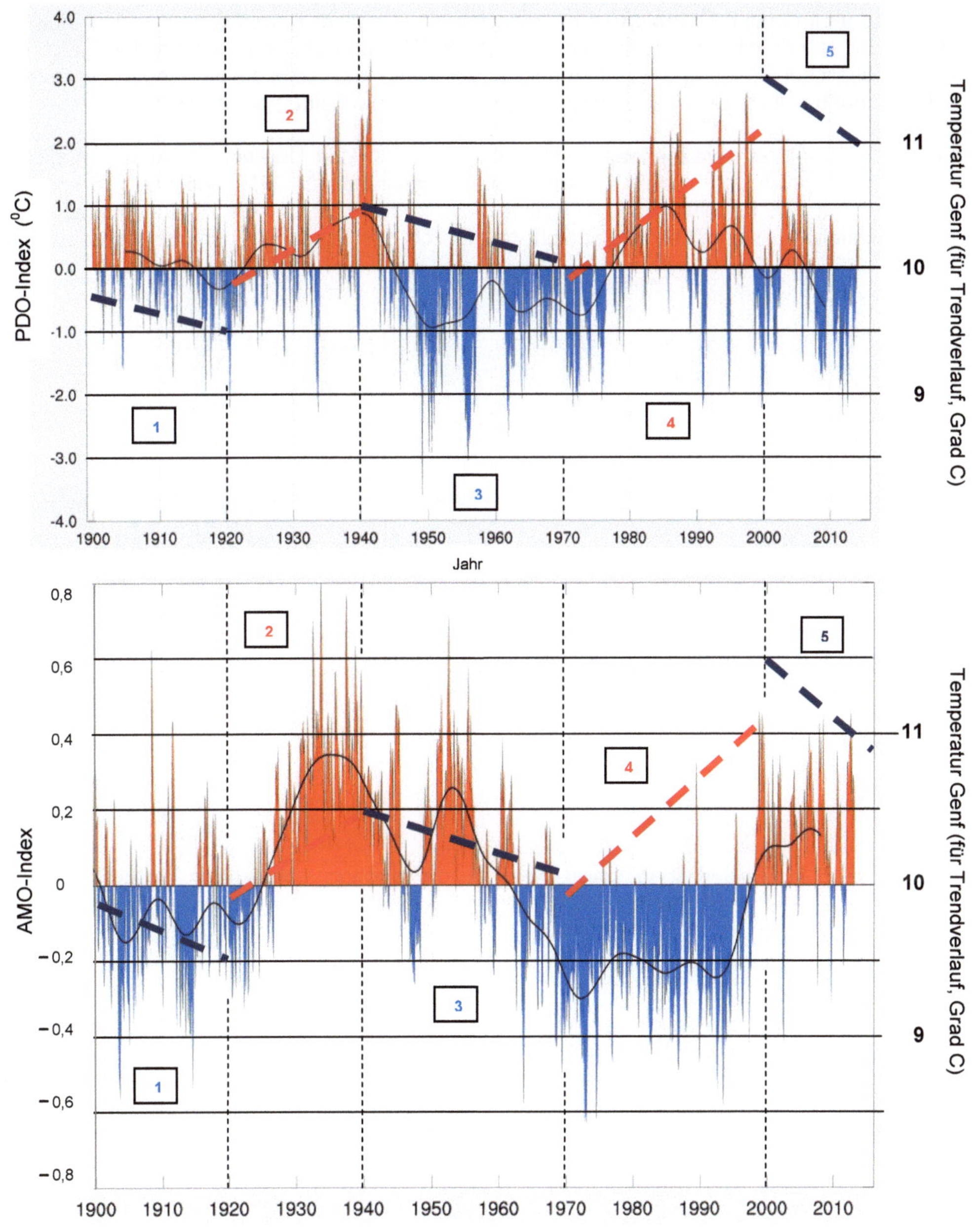

Abb. 5 : PDO (oben) und AMO (unten) , Index der Wassertemperaturen (linke Achse) und Lufttemperaturen Genf je Zeitraum 1 bis 5 aus Abb. 4 (rechte Achse)

Man erkennt im ersten Überblick recht zwanglos, dass es hier Korrelationen, sprich Gleich-
klänge der Trends gibt: Wenn die PDO über einen Zeitraum ansteigt ... dann steigt auch in
Genf in ähnlicher Steigung die Lufttemperatur an. Wenn im Pazifik die Wassertemperaturen
fallen ... dann sinken auch in Genf nahezu gleichförmig die Lufttemperaturen ab.

Für die AMO gilt entsprechendes, auch wenn eine 100%ige Übereinstimmung „natürlich"
nicht existiert. Was den Verfasser dann allerdings animiert hat, PDO und AMO zu kombi-
nieren ... und eine Kopplung *beider* Oszillationen (*), der PDO und der AMO gemeinsam in
einer Darstellung (siehe Abb. 6), streicht tatsächlich das Ergebnis nochmals und deutlich
heraus:

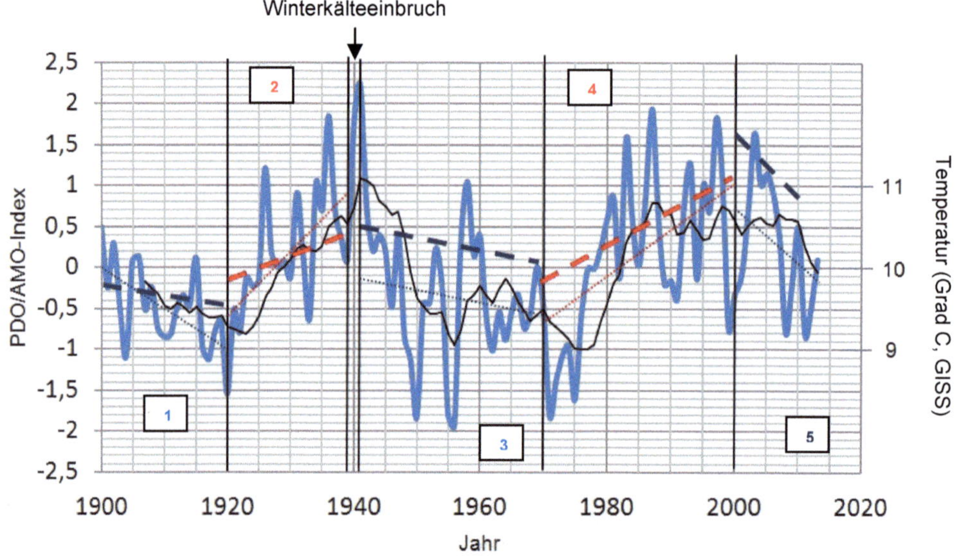

Abb. 6: PDO und AMO (kombiniert ▬▬) und die Temperaturtrendgeraden für GENF (GISS)
aus Abb. 4 (negativ = ■ ■ /positiv = ■ ■). •••• ••••• = Temperaturtrendgeraden nach
AMO/PDO

Die Pazifische Dekaden Oszillation (PDO) bezeichnet bekanntlich eine abrupte Änderung
der Oberflächentemperatur im nördlichen Pazifischen Ozean, genauso wie die AMO (Atlantische Multidekaden Oszillation) dieses Phänomen für den Atlantik beschreibt. Die durch die
PDO bestimmte Anordnung von Warm- und Kaltwassergebieten im nördlichen Pazifik prägt
noch stärker als die AMO die Hauptströmungsrichtung des Jetstreams und hat damit langfristige und signifikante Auswirkungen auf das atmosphärische Geschehen ... und damit u.a.
auch auf das Wetter (und das Klima) der Schweiz?

(*) Es werden die Jahres-Indexzahlen der AMO und der PDO kombiniert und die SSTeingerechnet

Verblüffend ist eine korrelierende Betrachtung der PDO/der AMO und der Temperatur-**trends** in Genf seit Beginn des 19.Jahrhunderts tatsächlich: Steigen die ozeanischen Temperaturen an, dann folgt auch GENF mit seinen Lufttemperaturen; fallen die Wassertemperaturen des Pazifik und des Atlantiks, dann sinken auch die Lufttemperaturen in GENF!

Aber: Das gilt nur für den **Trend**! Die in Abb. 7 gleichzeitig/gemeinsam eingetragenen absoluten Temperaturreihen der AMO/PDO und der für GENF haben keine besonders ausgeprägte Verlaufsähnlichkeit ... die *absoluten* Temperaturen sind tatsächlich geringer korreliert. Ausreisser ist in dieser Hinsicht vor allem 1940-1942: Trotz höchster (!) Werte der AMO ´stürzten´ in diesen 3 Jahren die (Winter-!)Temperaturen derart ab, dass die *Jahres*werte quasi gestört sind. Die Spekulation über eine vorübergehend und gerade erst *durch* die besonders grosse Wärme der Ozeane veränderte Zirkulation (Rossby-Wellen?) sollte überprüft werden.

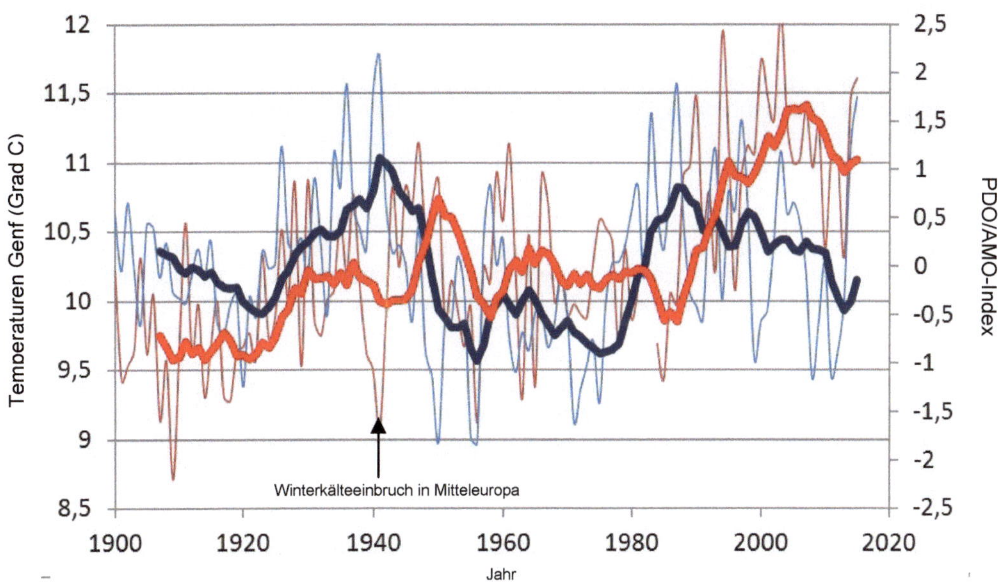

Abb. 7 : PDO/AMO (blau) und die Lufttemperaturen von GENF (GISS, rot) ;
dicke Linien = je 8-jähriges gleitendes Mittel

Hingegen, und zur Wiederholung, stehen die Trend-Zeiträume (siehe Abb. 6) beider „Stationen" / Gebiete sehr wohl in einem nicht zu leugnenden Bezug.
Soll das Zufall sein? Nein, gewiss nicht. Hier stellt der Autor daher die Hypothese einer Analogie zwischen den Wassertemperaturen der ozeanischen Wärmespeicher/-**felder** und der *Reaktion* der weltweiten (zikulationsverteilten) festländischen Lufttemperaturen zur Diskussion.

Das scheint insofern logisch, als Energie/Wärme, die in den Ozeanen gespeichert vorliegt, von der darüber hinweg streichenden globalen atmosphärischen Zirkulation aufgenommen und zwangsläufig auch ´transportiert´ werden **muss** („Umluft"-Analogie) ... etwas anderes ist nicht zu erwarten. Und das dann sogar GENF (als gewiss nicht maritime Station) diese Wirkung abbekommt/dokumentiert, kann daher auch gar nicht überraschen.

Interessant ist, in wie weit nach Abb. 6 die *Steigungen* der ozeanischen Temperaturen mit jener der festländischen Lufttemperaturen übereinstimmen: Zu Beginn und bis Mitte des 20.jahrhunderts liegt die Steigung der Lufttemperaturen (in GENF) auf ähnlichem oder sogar **unter** dem Niveau der ozeanischen PDO/AMO ... während ab den 50er Jahren des 20.Jahrhunderts und vor allem zu Beginn des 21.Jahrhunderts die Lufttemperaturen **über** jenen der mittleren Wassertemperaturen (PDO / AMO) stehen ... mit deutlich erkennbarem Trend im Gesamtzeitraum, also im IST der Temperaturverläufe zu Beginn sozusagen eher „zu tief" (1900-1940) und am Ende „zu hoch" (1970-2015) im Vergleich zu PDO/AMO verlaufend!

Gibt es dafür auf die Schnelle eine Erklärung? Vielleicht! Denn unter Annahme, dass das CO_2 und der Wasserdampf tatsächlich die Temperaturen der Atmosphäre ansteigen lassen, könnte diese Grössenordnung von rd. 1 Grad C/100 Jahre in etwa dem entsprechen, was auch die Überlegungen zur Klimasensitivität sagen: In 100 Jahren und einer Zunahme des CO_2 um rd. 40% bzw. 120ppm sind die Temperaturen um knapp 1 Grad C angestiegen.

Dieser Artikel kann die Übertragbarkeit der Korrelation auf eine grössere Zahl anderer Stationen noch nicht leisten. Zur Sicherheit wurden aber schon einmal drei ganz unterschiedliche Ganglinien der Lufttemperaturen methodisch gleich behandelt, in dem sie (ebenso wie bei GENF) mit dem Verlauf der AMO/der PDO unterlegt werden.
Abb. 8-10 zeigen die Ergebnisse für die Station ZÜRICH/Schweiz, die Station GENUA (Italien) und grossräumig für DEUTSCHLAND gesamt (DWD-Netz). In allen Fällen ist das Resultat vergleichbar jenem von GENF: Steigen die AMO-/PDO-Temperaturindices an, dann stellt sich auch in ZÜRICH oder GENUA, wie auch für DEUTSCHLAND insgesamt, ein Folgeeffekt mit anschwellenden Lufttemperaturwerten ein. Fallen die AMO-/PDO-Indexwerte hingegen, dann sinken auch die Lufttemperaturen in DEUTSCHLAND bzw. in ZÜRICH und GENUA ab. Auch der Effekt, dass zu Beginn des 20. Jahrhunderts die Lufttemperaturen DEUTSCHLANDs/in GENUA/in ZÜRICH eher **unter** den PDO-/AMO-Verläufen liegen, um dann spätestens ab den 70er Jahren **über** den ozeanischen Verläufen zu sein, stimmt mit GENF überein. Die Hypothese eines über die Zeit gesamthaft ansteigenden CO_2-/Wasserdampfeinflusses ist weiterhin vorhanden.

Das jeweilige absolute Niveau der Temperaturen ist selbstverständlich ganz unterschiedlich: Während die Station GENUA eine Jahresmitteltemperatur von rd. 10,1 Grad C besitzt, werden als Mitteltemperatur in Deutschland rd. 8,2 Grad C erreicht. Es ist folglich nahezu egal, *wo* die Lufttemperaturen gemessen werden ... die hohe Korrelation des Trends zwischen „Veränderung der AMO/PDO" und den „Veränderungen der Lufttemperaturen an CH-Stationen / in D" gilt in allen betrachteten Fällen auf fast gleiche Weise.

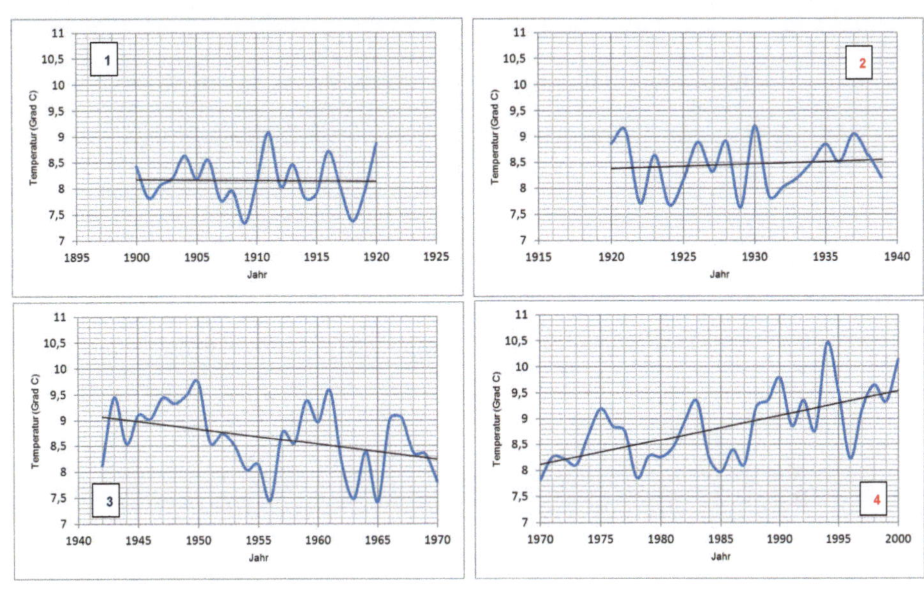

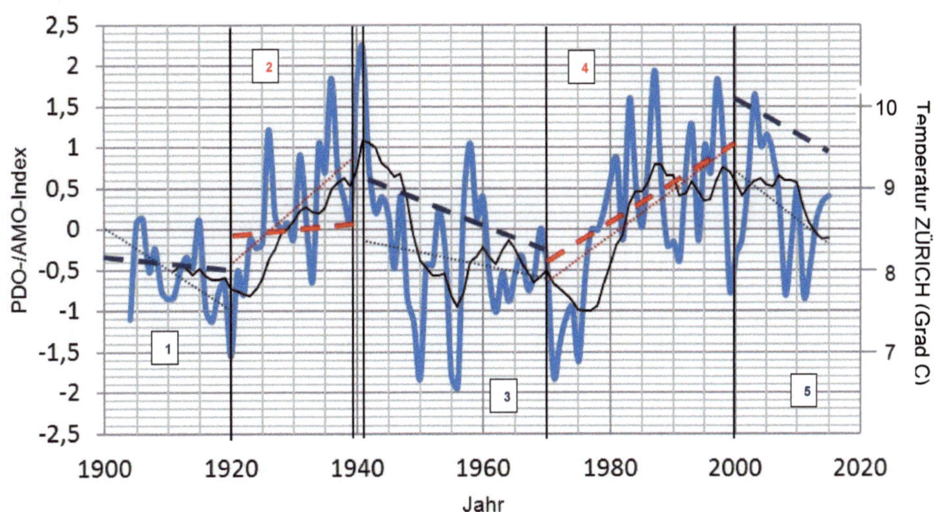

Abb 8 : PDO und AMO (kombiniert) und Temperaturtrendgeraden für die
Station ZÜRICH nach GISS (▬ ▬ = IST ; ╌╌╌ = theoretisch).
1 bis 5 = Trendzeiträume, oben isoliert/unten im Gesamtbild
und in Relation zu PDO/AMO dargestellt

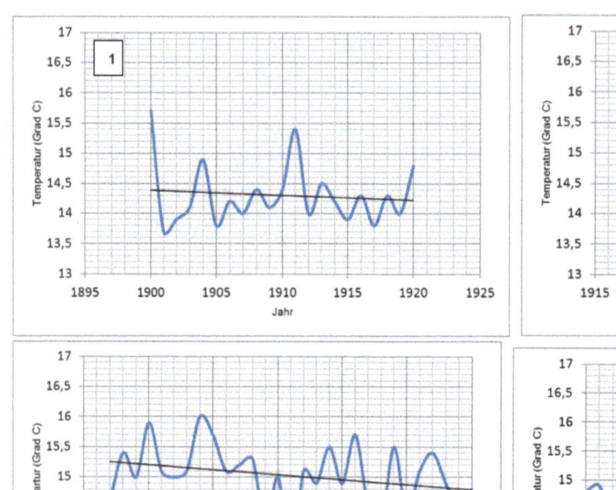
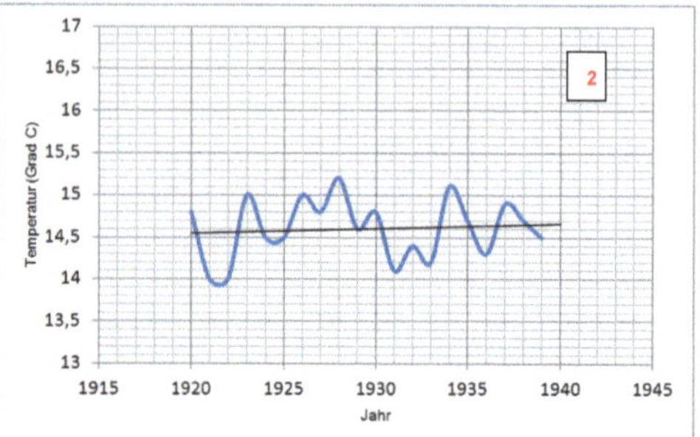
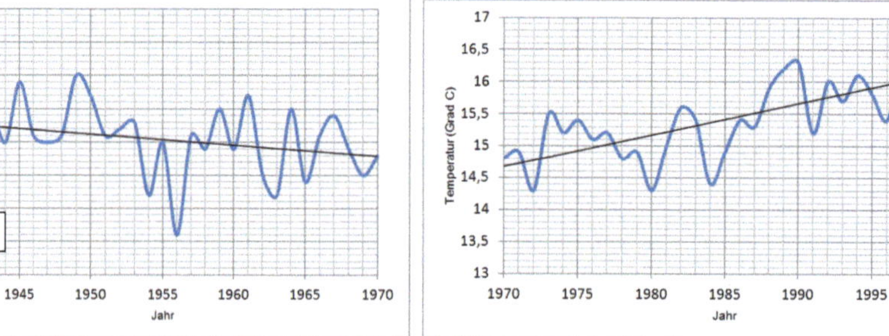
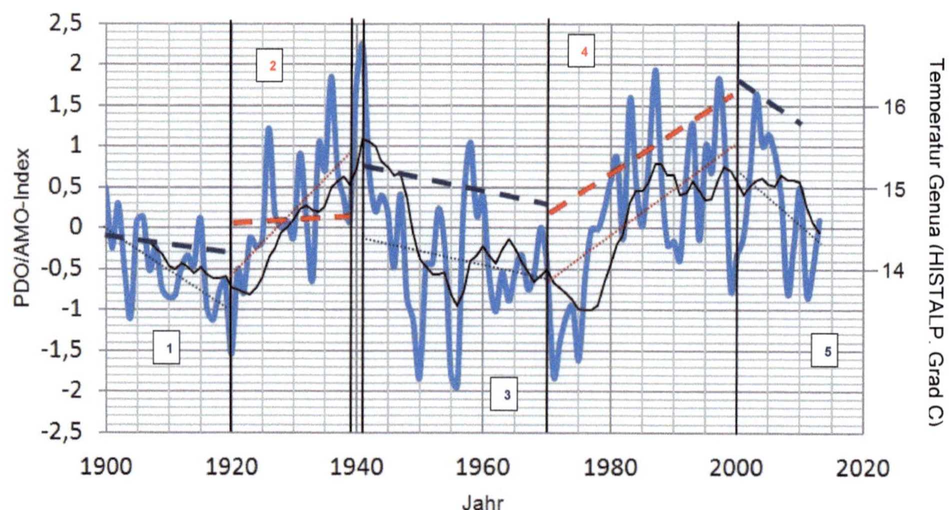

Abb. 9: PDO und AMO (kombiniert) und Temperaturtrendgeraden für die Station
GENUA/Italien nach HISTALP (▬ ▬ = IST ; ----- = theoretisch).
1 bis 5 = Trendzeiträume, oben isoliert/unten im Gesamtbild
und in Relation zu AMO/PDO dargestellt

22

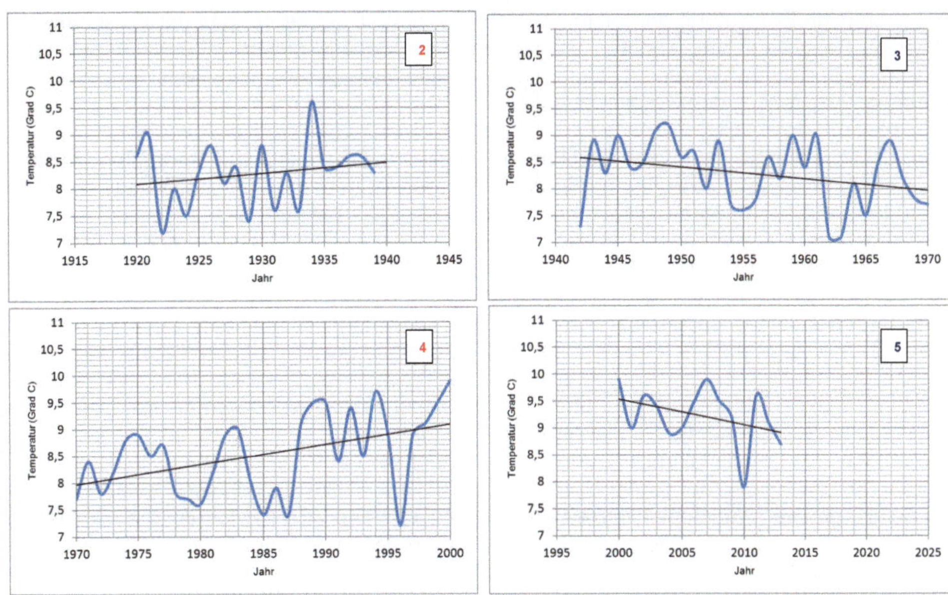

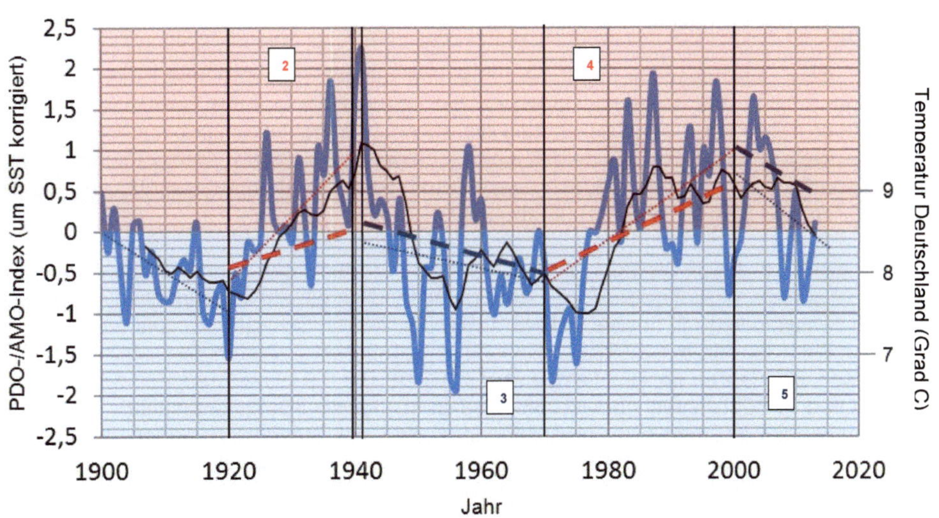

Abb. 10: PDO und AMO (kombiniert) und Temperaturtrendgeraden für Deutschland nach DWD (= IST ; = theoretisch). 1 bis 5 = Trendzeiträume, oben isoliert/unten im Gesamtbild und in Relation zu AMO/PDO dargestellt

Die gebremste Erwärmung der letzten 18 Jahre (seit 1998 bis heute) gibt der Forschung bekanntlich Rätsel auf. Wie konnten die numerischen Modelle diesen „slowdown" nur übersehen? Seit etlichen Jahren versuchen Wissenschaftlergruppen hinter das Geheimnis zu kommen. Was fehlt in den Rechenmodellen?

Nun, Ursache könnte die in den Grafiken der Abbildung 5 bereits sichtbare kühlende Phase der Ozeanzyklen sein, sowohl jener in der PDO (bereits mit dem Jahr 2000 beginnend) als auch der AMO (sich gerade entwickelnd?). D.h., die PDO befindet sich auf einem eher absteigenden Ast ... wobei wir die Ursache für die Abkühlung der Wassertemperaturen in der PDO tatsächlich noch nicht kennen. Hingegen liegen die weltweiten Lufttemperaturen gleichzeitig noch immer vergleichsweise hoch. Wie werden sich diese zukünftig entwickeln? Man darf spekulieren, ob sie sich ebenfalls im „Rückwärtsgang" befinden, die Abb. 6 (Genf) wie auch Abb. 8 (Zürich), 9 (Genua) und 10 (Deutschland gesamt) deuten darauf hin.

Aber es kommt noch etwas hinzu, über das wir bisher nicht gesprochen haben. Dies ist die Entwicklung der Sonnenfleckenzahlen. Wir befinden uns derzeit noch im Zyklus Nr. 24 (siehe Abb. 11). Dieser aktuelle Zyklus jedoch zeigt eine auffallende Anomalie, in dem die Anzahl der „sun-spots" auf einem historischen Tief liegt. Sollte sich dieser Trend fortsetzen, wovon mit grosser Wahrscheinlichkeit auszugehen ist, dann wird der folgende Zyklus Nr. 25 auf einem Niveau liegen, das ziemlich genau jenem des sogenannten DALTON-Minimums („Kleine Eiszeit", 1790-1830) entspricht. Wenn wir also die Trendverläufe von PDO und AMO zusammen mit der stetig abnehmenden Sonnenfleckenzahl betrachten, dann könnte sich die Welt nach Stand der Dinge eher auf eine deutliche Abkühlung zubewegen als einer weiteren „Aufheizung" unterliegen ... zumindest erst einmal in Genf, auf andere Stationen werden wir noch schauen.

Sicher, dass CO_2 haben wir hier zunächst einmal ausgeklammert. Ohne Frage wird sich ein weiterer Anstieg des Kohlendioxidgehalts der Atmosphäre auf die Temperaturentwicklung auswirken. Aber kann ein CO_2-Anstieg die zu erwartende Abkühlung aus PDO und AMO kompensieren? Wir wissen es derzeit nicht ... . Was aber, und zur Wiederholung, vermutlich *nicht* stattfinden wird, ist eine quasi lineare Zunahme der Lufttemperaturen (*), wie sie in den 20 Jahren zwischen 1978 und 1998 abgelaufen ist.

Auch wenn es das IPCC noch immer kleinrechnet, auch die Sonnenflecken (über Unterfaktoren wie die Wolkenbedeckung) steuern letztendlich die atmosphärischen Temperaturen der Erde zumindest mit (siehe SVENSMARK u.a. 1997). Schauen wir uns noch einmal die Station Genf für den bei BERKELYEARTH angegebenen Zeitraum von 1753 bis heute an. In diesen 260 Jahren hat die Temperatur in GENF um 0,9 Grad C zugenommen. Das sind 0,35 Grad in 100 Jahren oder 0,035 Grad in 10 Jahren (Dekadenanstieg). Ein unvoreingenommener Betrachter kann also, zumindest für Genf, einen Klimawandel im Sinne eines wirklich massiven Temperaturanstiegs noch nicht wirklich erkennen, wie die Abbildung 11 zeigt.

(*) Eine Regel der Statistik besagt, dass man Regeressionsgraden niemals über den Bereich der
    Erfahrung hinaus verlängern darf, weil dort ihre Gültigkeit in Frage steht!

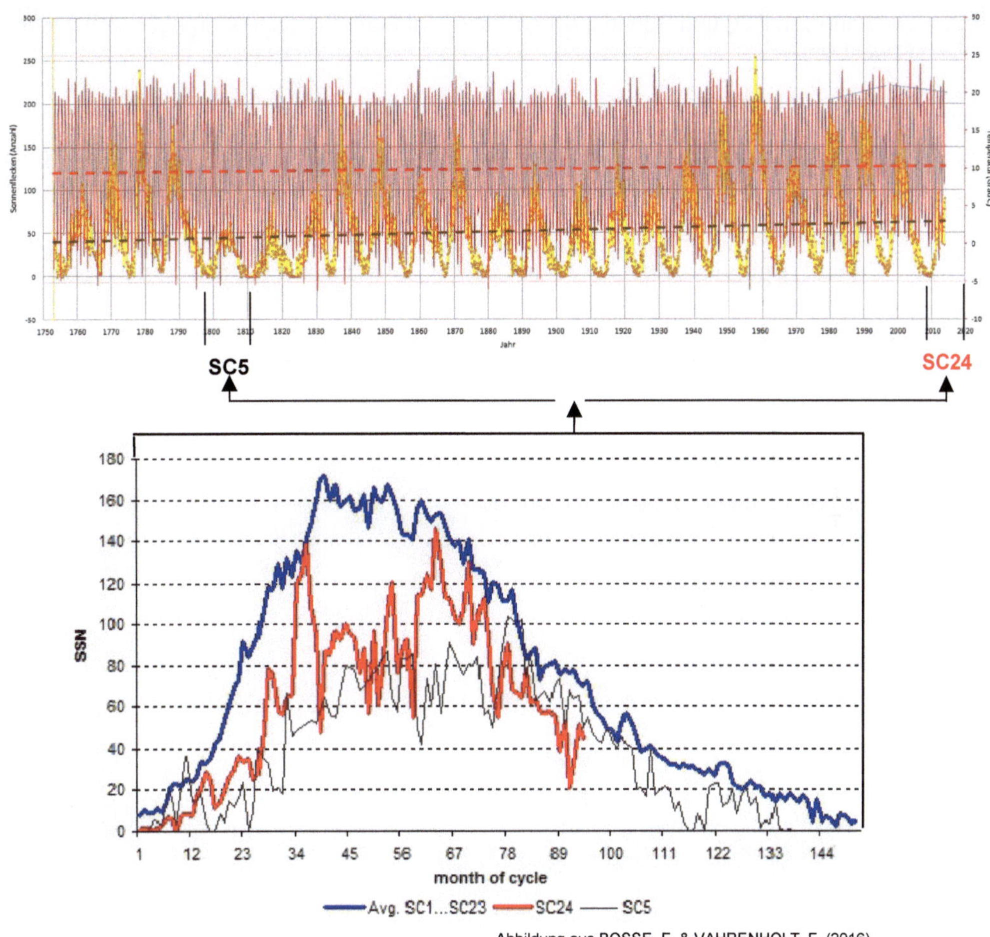

Abbildung aus BOSSE, F. & VAHRENHOLT, F. (2016)

Abb. 11 : Der Verlauf des Sonnenflecken-Zyklus Nr.24 (rot) im Vergleich zu einem mittleren Zyklus, errechnet aus den Mittelwerten der monatlichen SSN seit 1755 (blau) und dem seit vielen Monaten recht ähnlichem Zyklus Nr. 5 (schwarz, Beginn des sogenannten DALTON-Minimums bzw. der „Kleinen Eiszeit" um 1795).
Die gelbe Linie im oberen Teil der Grafik zeigt den Verlauf aller bisherigen 24 Sunspot-Kurven und parallel (in rot) den Verlauf der Temperaturen an der Station GENF nach (BERKELY-EARTH-Daten).

Spannend ist dann jedoch eine „Vergrösserung" des Temperaturverlaufes in Genf für den Zeitraum ab 1990, wie ihn die Abb. 12 zeigt. In Kombination mit den zusätzlich aufgetragenen Verläufen von CO_2 und Sonnenflecken/TSI (Total Solar Irradiance) ergeben sich mindestens zwei Dinge:

a) Eine Korrelation zwischen der Luft-Temperatur und der CO_2-Entwicklung ist nicht zwingend erkennbar
b) Eine Korrelation zwischen dem Temperaturverlauf und der Sonnenfleckenzahl/TSI hingegen zeigt, dass die Temperaturen durchaus im Einklang mit den Sonnenflecken/TSI stehen könnten ... auch wenn die relativen Temperaturmaxima (1994 und 2003) beidmalig erst mit einem Verzug zum Sonnenfleckenhöchststand eintreten. Der grundsätzliche Verlauf steht dessen ungeachtet in einer gewissen Ähnlichkeit.

Aber in der Tat ist das eher spekulativ als real nachweisbar ... es besteht definitiv Forschungsbedarf!

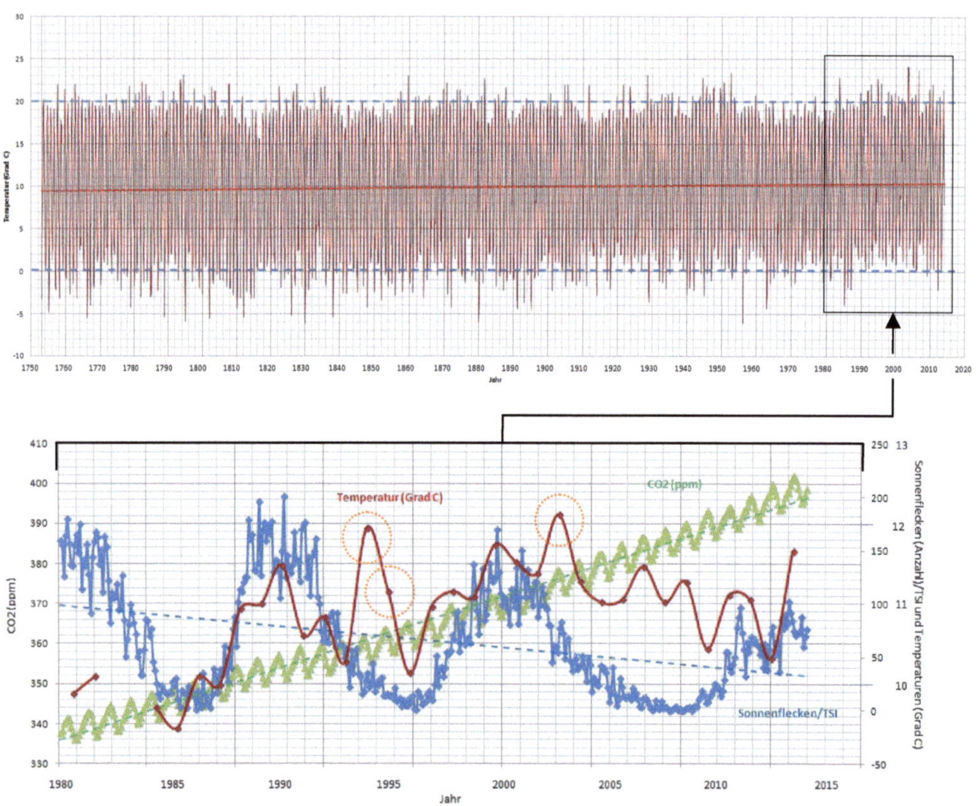

Abb. 12: CO_2-Anstieg, Verlauf der Sonnenflecken/TSI und der Lufttemperaturen in Genf (GISS)

Was bereits mit Abb. 1 klar war, wird jedoch und selbstverständlich mit den Detailgrafiken auch nicht aufgehoben: Die Temperaturen in Genf sind im Zeitraum seit Beginn der Messungen bis heute insgesamt leicht angestiegen. Das hat aber auch niemand je bestritten. Jedoch sind es tatsächlich nur rd. 0,015 Grad C pro Jahr seit 1864 (2,25 Grad C in 150 Jahren nach GISS). Das ist nur unwesentlich weniger als jener Betrag, der auch aktuell in den letzten 10 Jahren der vermeintlichen ´Aufheizung´ der Welt zu messen war. Da hat sich also im Trend der Veränderung fast nichts Markantes getan.

Betreffend der vergleichenden Grafiken in Abb. 4: Natürlich ist es quasi willkürlich, *wann* man z.B. eine Zeitreihe beginnen lässt, ob 1920, 1940 oder 1970. Aber warum sollen wir nicht die Zyklen der PDO als Massstab verwenden? „Genau" können die Übereinstimmungen ohnehin niemals sein, da alle atmosphärischen Prozesse immer erst mit einer gewissen Zähigkeit auf Veränderungen der Randbedingungen reagieren. Dessen ungeachtet sind die Korrelationen, wie Abb. 6 zeigt, bemerkenswert.

Wie auch immer. Es geht vor allem darum, dass es immer wieder Zeiträume gibt, die mal NEGATIV und mal POSITIV verlaufen … um nicht mehr, aber auch um nicht weniger! Das Klima „schwingt", ähnlich, wie die PDO und die AMO ´schwingen´.

3   … an der Messstelle GENF-Cointrin …

Nach einer mehr ´globalen´ Einordnung des Klimas von GENF in die weltweiten Vorgänge einer PDO und AMO kommen wir erneut zurück auf den „Kern" der Messstelle Genf. Damit will der Autor allerdings nur seiner Pflicht nachkommen, aufzuzeigen, dass zwar auch bei MeteoSwiss nur mit Wasser gekocht wird (und dabei Fehler entstehen können), die Station tatsächlich trotz der nachfolgenden noch zu beschreibenden Irritationen, die aus unterschiedlichen Datensätzen resultieren, als Referenz für eine Interpretation zwischen globalen PDO-/AMO-Daten und lokaler Wetter-/Klimadokumentation dienen kann.

Die Station liegt nach Angaben von MeteoSwiss auf der Position 46,14.9 0N / 6,7.7 E , d.h. im NO-Bereich des Flughafens Genf-Cointrin. Wie in Abb. 18 und 19 zu sehen sein wird, ist diese Position allerdings nicht unumstritten. Zwar ist die Umgebung der Wetterhütte in einem Abstand von min. 50m ohne höheren Bewuchs (es überwiegt Grasland), aber mit den Beton- bzw. Asphaltpisten der Roll- und Startbahn des Flughafens sind auch klimawirksame Einflussgrössen vorhanden, die eventuell nicht gänzlich den meteorologischen Regeln entsprechen. Wohlgemerkt „klimawirksam" betrachtet … meteorologisch (kurzfristig) sind diese Faktoren aber vermutlich unbedenklich.

Seit nunmehr über 150 Jahren werden in Genf Daten gesammelt, allerdings nicht durchgehend auf der gleichen Position. Da mit Verschiebung der Wetterhütte auch gewisse Veränderungen der Umgebungsparameter verbunden waren, wurden ältere Daten teils „homogenisiert".

Eine Homogenisierung auch aktueller Daten ist seit einigen Jahren gängige Praxis praktisch aller internationalen meteorologischen Institutionen, d.h. die meteorologischen Aufzeichnungen werden um mögliche Mess- bzw. Apparatefehler korrigiert oder eben „homogenisiert", bevor sie Eingang in die Klimatabellen finden. Auch wenn es nicht gut klingt und offiziell nicht gern gehört wird: Homogenisierung bedeutet Manipulation der Rohdaten. Soweit diese „Manipulation" sozusagen ehrlichen Zwecken dient (und jeden Vorwurf des Gegenteils weisen alle in offiziellen Würden stehenden Klimafachleute entschieden zurück) ist daran nicht so viel auszusetzen. Wenn also ein Thermometer offenkundig defekt ist und falsche Werte anzeigt, dann könnte man diese mit einem eventuell parallel arbeitenden Gerät korrigieren. Allerdings ist bereits ein solches Vorgehen nicht unumstritten, kann doch nicht ausgeschlossen werden, dass hierbei ebenfalls Ungenauigkeiten auftreten. Es gibt daher auch gute Gründe zu sagen: Wenn es offenkundige Fehler in Messwerten gibt, eliminieren wir sie schlicht dadurch, dass wir sie … weglassen.

Sicher ist, dass es für eine Homogenisierung keine weltweit einheitliche Systematik gibt, fast jeder macht das, was er für richtig hält. Grundsätzlich bezieht sich MeteoSwiss bei der Homogenisierung der Schweizerischen Daten auf die Arbeit von G.BAUDRAZ, M.BEGERT, M.MOESCH, M.MUSA, T.SCHLEGL und G.SEIZ (2003) mit dem Titel „Homogenisierung von Klimamessreihen der Schweiz und Bestimmung der Normwerte 1961-1990. Schlussbericht des Projekts NORM90". Hier wird festgestellt, dass „eine klimatologische Zeitreihe … dann als homogen bezeichnet werden (kann), wenn ihre Schwankungen einzig durch Variationen des Wetters und des Klimas an der betreffenden Station hervorgerufen werden" (BAUDRAZ u.a. 2003 S.24).
Man sollte es sicher nicht ganz so wörtlich nehmen, aber leider steht es so im Text: „… die Homogenisierung einer Klimareihe (beruht) schlussendlich – im Gegensatz zur Korrektur eines falschen Messwertes – immer zu einem gewissen Teil auf der subjektiven Beurteilung des Bearbeiters" (BAUDRAZ u.a. 2003, S.9). Das kann man kritisch sehen, ist aber vermutlich und letztlich nicht anders zu handhaben. Man muss es nur wissen (*).

Im Januar 2016 bezog der Verfasser sowohl die originalen als auch die homogenisierten Temperaturdatenreihen für die Station Genf-Cointrin von MeteoSwiss. Anzumerken ist, dass es die homogenisierten Werte für jedermann gratis gibt (http://www.meteoschweiz.admin.ch/ home/klima/vergangenheit/homogene-monatsdaten.html), für die Originaldaten, wenn man sie denn unbedingt haben will, jedoch Gebühren fällig werden. Abgefragt wurden vom Verfasser die Jahre 1998 bis 2015, also der Zeitraum, für den man nachgerade feststellen darf, dass hier die Temperaturen (zunächst und zumindest in Europa) einen sogenannten Hiatus erreicht haben.

(*) Eine Übersicht über die Homogenisierung gibt auch ein im Internet unter http://www.meteoschweiz.admin.ch/content/dam/meteoswiss/de/Klima/Vergangenheit/Homogene-Monatsdaten/doc/klima-vergleich-original-homogen.pdf erhältlicher Text mit dem Titel „Originale und homogene Reihen im Vergleich - Temperaturentwicklung an 12 Standorten des MeteoSchweiz-Messnetzes mit langjährigen Messreihen ab 1864".

Wie die Abb. 14 zeigt, unterscheidet sich die homogenisierte Temperaturdatenreihe durchaus und teils deutlich von der der Originaldaten. Die von MeteoSchweiz angegebenen Korrekturen der Zeitreihe 1998 bis 2015 betragen 1999 und 2000 je 0,6 Grad C, zwischen 2001 und 2005 min. 0,22 Grad C und max. 0,47 Grad C.

Temperaturabweichung in Grad C

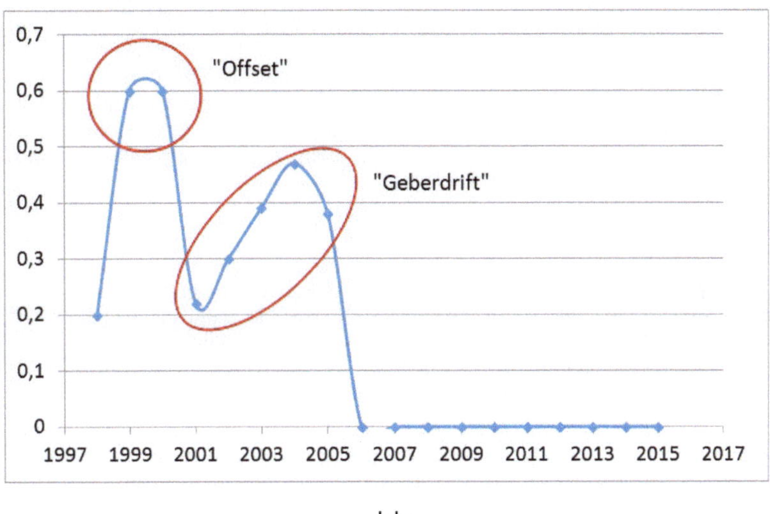

Abb. 13 : Homogenisierungswerte nach MeteoSwiss für die Station Genf-Cointrin

Der Verfasser wollte es dann jedoch noch genauer wissen und hat bei MeteoSwiss nach den Gründen für diese Unterschiede in den Datenreihen, also zwischen „Original" und „homogenisiert", gefragt. Sehr freundlich und schnell antwortete ein wiss. Mitarbeiter des Eidgenössischen Departement des Innern/EDI Bundesamt für Meteorologie und Klimatologie/MeteoSchweiz wie folgt:

> „Sehr geehrter Herr Dammschneider,
> … die Homogenisierung ist (…) eine kontinuierliche Arbeit, die auch nach dem Projekt NORM90 weitergeführt wurde und wird. Es ergeben sich leider immer wieder Veränderungen in den Messbedingungen, die zu Inhomogenitäten führen können. An der Station Genf war in den Jahren 1999 und 2000 ein Gerät im Einsatz, welches einen leichten *Offset* aufwies. Zudem kam es in den darauffolgenden Jahren zu einer *Geberdrift* hin zu leicht höheren Werten. Beide Probleme wurden bei der Homogenisierung der Messreihe behoben. Dies führt dazu, dass die originalen und homogenen Messreihen von Genf erst ab dem 10.2005 identisch sind. Die Unterschiede liegen je nach Zeitraum bei 0 bis einem *halben Grad*."
>
> Anmerkung des Autors: Es sind allerdings doch 0,6 Grad C

Es stellt sich natürlich die Frage, was überhaupt eine „Geberdrift" ist. Leider wird dieser Begriff zumindest in einer üblichen Internetrecherche nicht definiert. Man muss also spekulieren. Vermutlich meint MeteoSwiss damit, dass das Thermoinstrument über die Zeit eine mehr oder weniger systematisch zunehmende Abweichung vom eigentlichen IST-Wert aufzeichnet. Aber wie bemerkt man eigentlich, ob eine "Geberdrift" vorhanden ist? Dazu braucht es mindestens ein paralleles Gerät, anhand dessen man die Temperaturabweichungen überhaupt erkennen kann. Hierfür gibt es einen Hinweis und eine Antwort seitens MeteoSwiss: Gemäss des Arbeitsberichtes MeteoSchweiz Nr. 236 Anlage D (*) besitzt die Station Genf *keine* Referenzstation, anhand der eine (mehr oder weniger) logische Abweichung von Werten aus der "Normalen" aufgedeckt werden könnte. MeteoSwiss sagt jedoch, dass ein paralleles Messgerät in der Station selbst vorhanden ist und so eine Redundanz gegeben sei. D.h. betreffend der Frage, worauf sich die Homogenisierung und im Fall von Genf die Korrekturen des "offset" und der "Geberdrift" stützt, antwortet Meteo-Swiss wie folgt:

> "... die Homogenisierung bedient sich verschiedener Techniken: Im Idealfall ist an der fraglichen Station ein redundanter Geber im Einsatz (...) . In Genf war und ist dies seit 1981 der Fall. Allerdings sind auch redundante Messinstrumente nicht vor Inhomogenitäten sicher (...). Falls vorhanden werden die Ergebnisse verschiedener Quellen miteinander verglichen und so die richtige Lösung für das Problem gesucht. (...) Beim Fehlen von redundanten Messungen ... die beide Geber betreffen ... kann die Grösse der Inhomogenität nur im Vergleich mit sinnvoll gewählten Nachbarstationen bereinigt werden"
> (aus email von MeteoSwiss an den Verfasser, 20. Januar 2016).

Diese „sinnvoll gewählte Nachbarstation" gibt es für die Station Genf-Cointrin jedoch nicht (siehe oben).

Festzustellen ist: Die Homogenisierung ist keine exakte Wissenschaft, was leider dann als zumindest problematisch angesehen werden kann, wenn man bedenkt, dass nur wenige Zehntel von Temperaturgraden bereits zu massiven Unterschieden in der Interpretation von Temperaturentwicklungen führen (siehe Genf 1998-2015 in der Abb. 14). Das ist auch dann heikel, wenn man weiss, dass die tatsächlichen Veränderungen pro 10 Jahre (!) unter 0,2 Grad C liegen. Homogenisierungen sind sicher gut gemeint ... "gut gemeint" kann aber bekanntlich auch mal das Gegenteil von hilfreich sein.

Nachfolgend mit Abb. 14 die entsprechende Grafik zu den Temperaturen in Genf-Cointrin:

(*) Füllemann, C., Begert, M., Croci-Maspoli, M., S. Brönnimann (2011): Digitalisieren und Homogenisieren von historischen Klimadaten des Swiss NBCN – Resultate aus DigiHom, Arbeitsberichte der MeteoSchweiz, 236, 48 pp

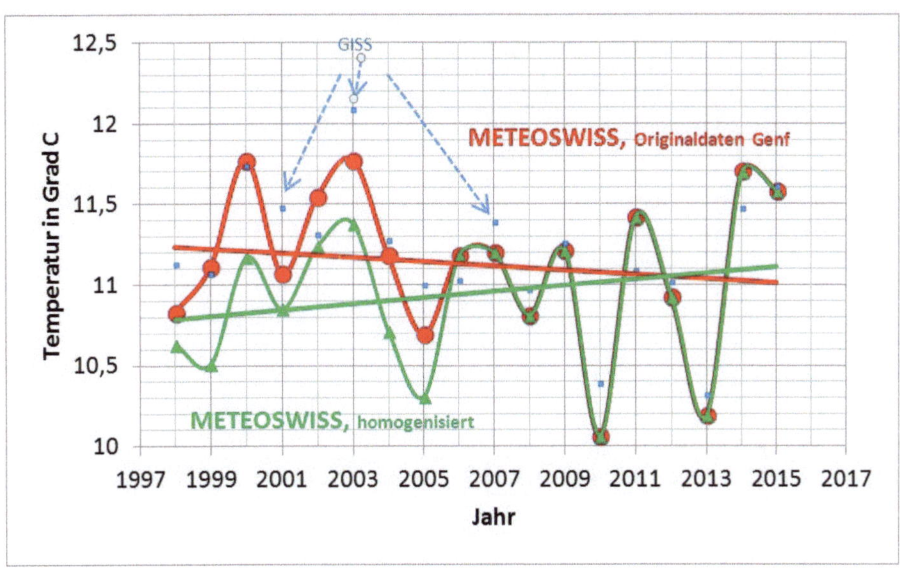

Abb. 14 : Verlauf der Temperatur an der Station Genf-Cointrin nach METEOSWISS, Original und
Homogenisiert. Als Datenpunkte eingeblendet die Werte nach GISS (siehe dazu auch
Abb. 15)

Eigentlich sollte man ja davon ausgehen, dass die offiziellen (homogenisierten) Werte der
Schweiz *unverändert* Eingang in die Datenbanken dieser Welt finden. Das ist, wie Abb. 14
zumindest für GISS zeigt, jedoch nicht der Fall:

Wie es aussieht "homogenisiert" GISS die bereits homogenisierten Daten von MeteoSwiss
nochmals? Dass daraus entstehende Paradox ist, dass bei MeteoSchweiz die Temperaturen über die Jahre ab 1998 ansteigen, während sie beim GISS leicht abfallen.

Nachfolgend mit Abb. 15 nun noch die Datengrafik nach NOAA und BERKELYEARTH, der
Übersicht und Vergleichbarkeit wegen direkt gegenübergestellt zu den schon bekannten von
MeteoSwiss und GISS:

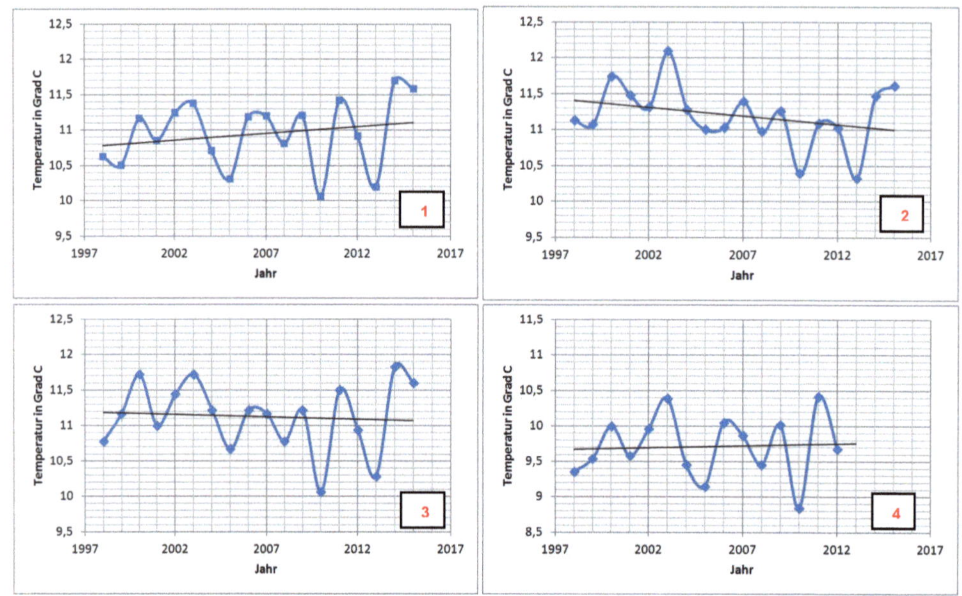

Abb. 15 : Luftemperaturen GENF-Cointrin 1998 – 2015
1 = MeteoSwiss , 2 = GISS , 3 = NOAA , 4 = Berkelyearth

Alle vier Datensätze sind verschieden! Aber alle vier Grafiken stützen sich bzw. kommen von ein und demselben Messgerät aus Genf.

Wie kann es geschehen, dass vier verschiedene Institutionen vier verschiedene Datensätze in ihren offiziellen webseiten haben ... und weitergeben? Wenn bereits bei *ein und der-selben Station* innerhalb eines Zeitraumes von 18 Jahren ein Temperaturunterschied von bis zu 0,5 Grad C mit jeweils unterschiedlichen Trends auftritt, wie kann man dann von einer Veränderung der "Welt"-Temperatur von rd. 0,4 Grad C sprechen, welche sich ja aus Statio-nen wie u.a. der von Genf errechnet ... und von denen ausgerechnet Genf (als Sitz der WMO) der weltweit noch am präzisesten funktionierende Mess-Standort sein dürfte.

Gut, *eine* „Station" ist ja in Wahrheit gar keine. Denn BERKELYEARTH ist virtuell. D.h., man verwendet diverse Stationen bzw. deren Datensätze und verrechnet sie zu einer Art Ge-bietsmittel. BERKELEYARTH schreibt selbst zu den Daten für "Genf":
a) Temperature stations within 200 km: 82
b) This file contains an extracted local summary of land-surface temperature results pro-duced by the Berkeley Earth averaging method for the location: 45.81 N, 5.77 E .

Dennoch ist der grundsätzliche Verlauf der "Gebietsdaten" im Bereich zwischen Lyon, Grenoble und Genf-Cointrin (berechnet durch BERKELEYEARTH für den virtuellen Punkt 45,81N / 5,77E aus 82 Stationen im Umkreis von 200km) ähnlich dem der "richtigen" Daten von Genf-Cointrin (MeteoSwiss, homogenisiert.). Die Abweichung beträgt i.M. 1,19 Grad C, d.h. um diesen Betrag liegen die "Gebietsdaten" *niedriger* als die Daten der konkreten Station „Genf-Cointrin".

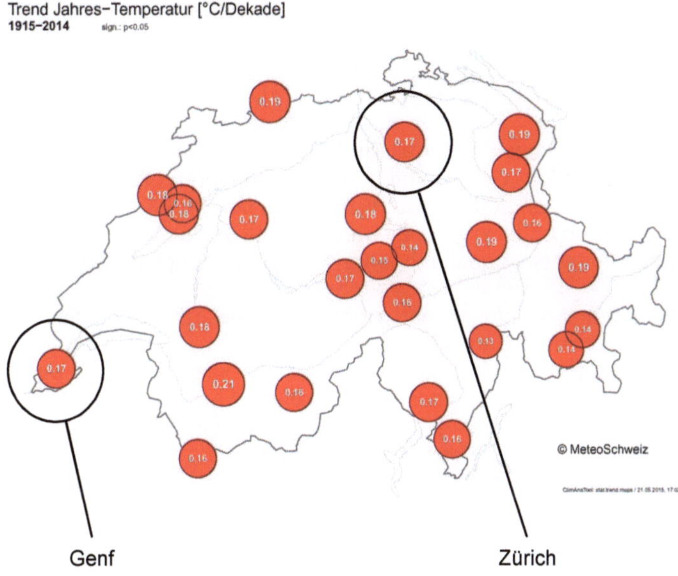

Abb. 16 : Trend der Jahrestemperaturen in der Schweiz, Dekadenwerte für den Zeitraum 1915-2014
(MeteoSchweiz)

Der Trend der Temperaturen an der Station Genf-Cointrin zeigt in den letzten 100 Jahren gemäss MeteoSwiss eine Zunahme der Temperatur von 0,17 Grad C pro 10 Jahre. Da hier natürliche Zyklen hineinfallen, sollte man diese Zahl jedoch relativierend sehen.

Der Trend der letzten Jahre (1998-2015) für Genf zeigt rd. +0,18 Grad C auf 10 Jahre (homogenisiert), -0,15 Grad C bei den Originaldaten bzw. -0,2 Grad C den GISS-Daten.
Wenn man bedenkt, *wie* gross allein bereits die Berichtigungen ("Homogenisierung" etc.) pro *einzelner Jahre* sind, dann kommt man ob der Grösse dieser Zunahme schon in´s grübeln. Denn allein 1999 und 2000 betrug die "Homogenisierung" jeweils 0,6 Grad C … in *einem* Jahr!?

Erwähnt werden soll noch eine klitzekleine Merkwürdigkeit, die bei GISS beobachtet werden konnte: Bei Abfrage der Daten der Station Genf ergaben sich am 16.12.2015 *andere* Werte als bei einer Abfrage am 9.12.2015. In diesen 7 Tagen nahm die Temperatur der Station Genf bei GISS im Zeitraum 1998-2015 um 0,07 Grad C zu. Genauer gesagt waren es 8 der 18 Jahre, in denen die Temperatur zwischen dem 9. und dem 16.12.2015 sozusagen jeweils um 0,1 Grad C zulegte.

Das ist natürlich am Ende keineswegs eine Lappalie. Denn 0,07 Grad C Temperaturzunahme der "neuen" Tabelle gegenüber der "alten" bedeuten bei einer natürlichen Temperaturzunahme/ einem Trend von nur 0,17 Grad C in 10 Jahren nach Statistik von MeteoSwiss, dass wir schon 41% davon allein durch die "neue" Tabelle erreicht haben?!

Aber einmal abgesehen vom Sonderfall BERKELEYEARTH mit einem ´Gebietswert´ ist interessant, dass die Station „Genf-Cointrin" auch bei anderen Datenbanken nicht immer an der gleichen Stelle zu liegen scheint. So wird sie bei der NOAA zum Beispiel auf 46,25N / 6,133E verortet … 600m entfernt von der wahren Lage der Station. Das mag man als Tippfehler bei der Koordinateneingabe durchgehen lassen, allerdings irritiert es auch wiederum.

Gut, lassen wir das mal so stehen und wenden uns wieder der Originalstation und ihrer „wahren" Lage am Flughafen Genf zu.
Der relative Standort der meteorologischen Messstelle kann aus Sicht des Autors zu Diskussionen führen. Grund dafür ist, dass die Station am Flughafen Genf sich in einer, sagen wir mal exponierten Position befindet. Damit ist gemeint, dass die „Wetterhüttte" in nur 100m Abstand zur Rollbahn des Flughafens steht. Das allein wäre zwar noch kein wirkliches KO-Kriterium. Doch die Station wird *grundsätzlich* von zum Start rollenden Flugzeugen in einem zwar kleinen aber durchaus wirksamen Zeitfenster vom Abgasstrahl der anrollenden Maschinen direkt getroffen. Dies geschieht beim eindrehen der Maschinen von der Roll- zur Startbahn … und das sind in dem Moment nur ziemlich genau 200m Entfernung.

Dass ein solcher Abgas- bzw. Turbinenstrahl („jetblast" *) nicht nur auf kurze Distanz wirkt, sondern auch in grösserem Abstand enorme, durchaus ´klimawirksame´ Verwirbelungen auslösen kann, zeigen beispielhaft die folgenden Videos:

https://www.youtube.com/watch?v=IfUfBWvmzA4
https://www.youtube.com/watch?v=Dhff9YAj7w4
https://www.youtube.com/watch?v=PpNwQ9rY5uk
https://www.youtube.com/watch?v=ZJ9uWsvR1l0

Wobei nochmals darauf hingewiesen werden soll, dass bereits **vor** dem eigentlichen Start-/ Beschleunigungsvorgang eine mehr als nur ´sichtbare´ Wirkung des „jetblast" auftritt!

(*) https://asrs.arc.nasa.gov/publications/directline/dl6_blast.htm

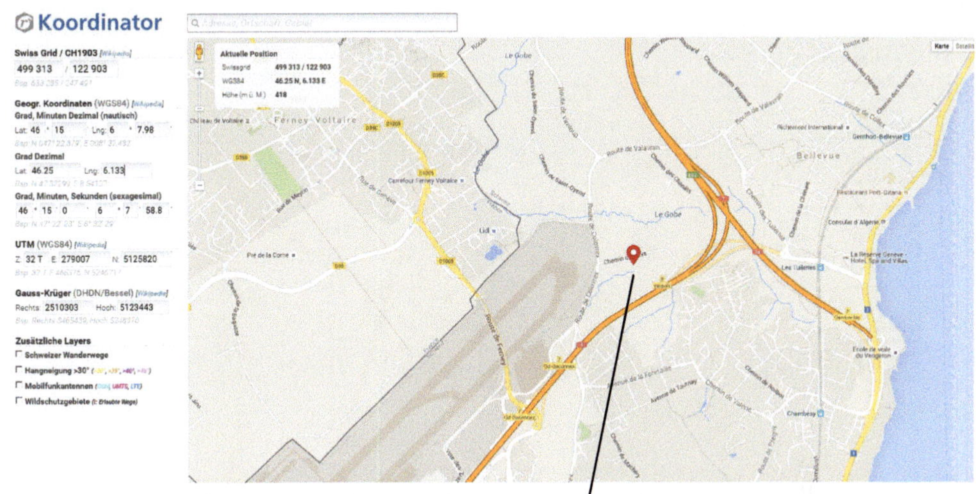

Abb. 17 : Station „Genf" nach NOAA = rd. 600m von der wahren Lage entfernt (46,25 0N / 6,133 E)

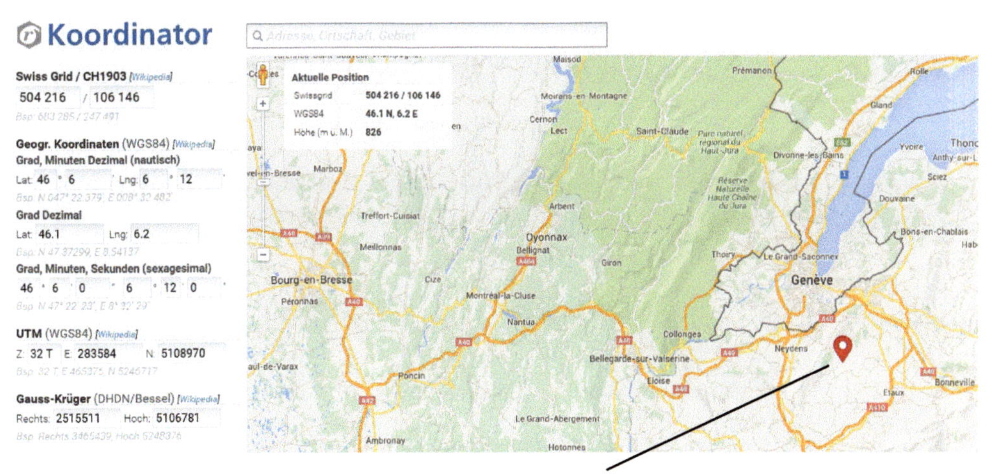

Abb. 18: Station „Genf" nach GISS = rd. 16.000m (16km) von der wahren Lage entfernt
(46,1 0N / 6,2 E)

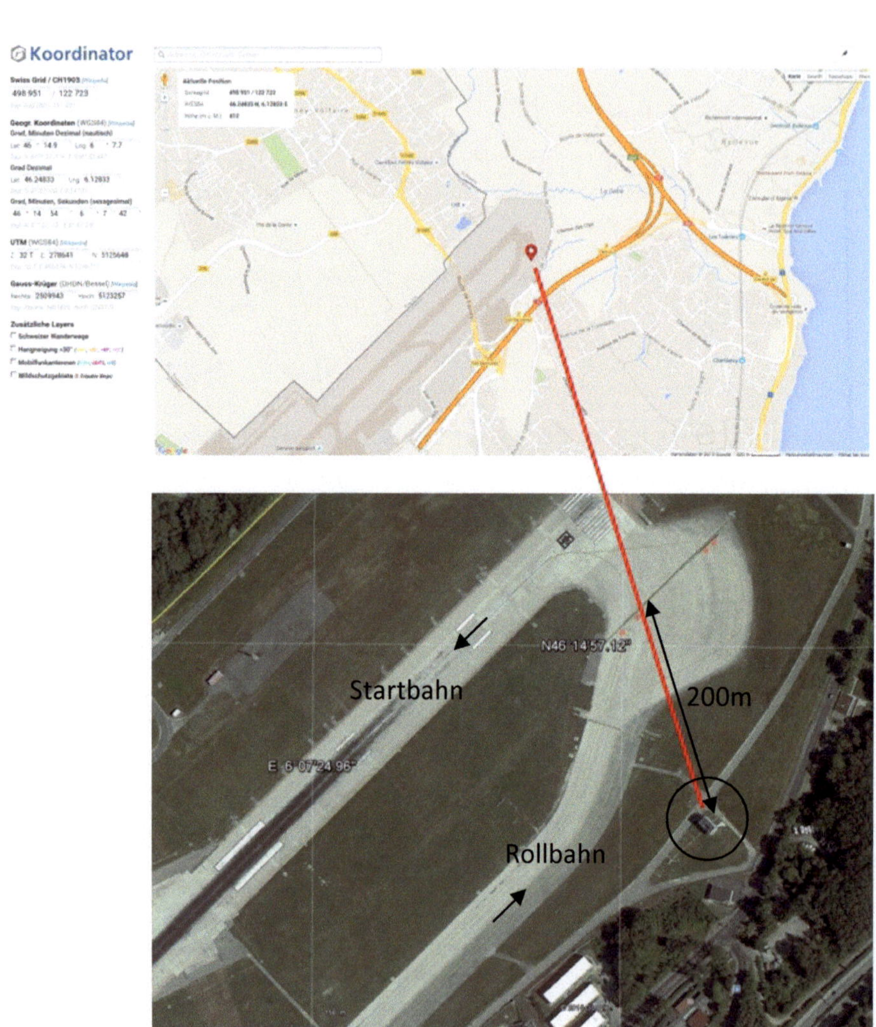

Abb. 19 : Station „Genf" nach MeteoSwiss (46,14.9 0N / 6,7.7 E) und die relative Lage am Flughafen Genf-Cointrin

Auch in einer Distanz von 200m zeigt sich die Turbinenstrahlung eines Flugzeugs noch sehr stark und das eben nicht nur während des eigentlichen Starts sondern auch bereits im Anrollen zur Startbahn … zumal die Beaufschlagung der Wetterhütte genau dann ´direkt´ erfolgt, wenn die Piloten beim eindrehen nach einem (meist) kurzen Stop vor der Startbahn erhöhten Schub auf die Turbinen geben (siehe Abb. 20).

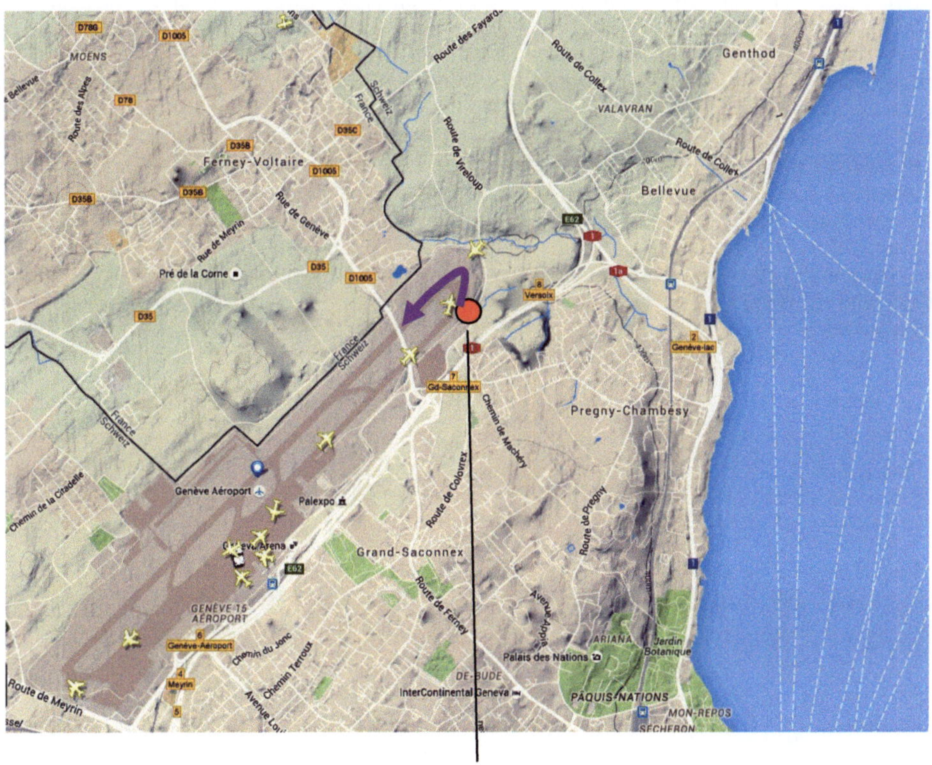

Station „Genf" nach MeteoSwiss (46,14.9 0N / 6,7.7 E)

⬤ = Standort der meteorologischen Messtelle

= Weg und Eindrehrichtung eines auf die Startbahn rollenden Flugzeugs

Abb. 20: Flugzeuge am Flughafen Genf-Cointrin (aus www.flightradar24.com).

Es muss klar sein, dass mit dem Abgasstrahl nicht nur eine erhebliche turbulente Durch-mischung der Umgebungsluft stattfindet, sondern zusätzlich auch mit einer kurzzeitigen Temperaturerhöhung durch die heissen Abgase zu rechnen ist. Ein Rechenbeispiel mag die Wirkung überschlägig (und zunächst bewusst vereinfacht) darstellen:
Genf weist im Mittel der letzten Jahre 65tsd. Starts/Jahr auf. Das sind rd. 178 Starts pro Tag oder 11 Starts pro Stunde (Flugfreie Nachtstunden bereits abgezogen). Für die Wetterhütte „wirksam" sind die Startvorgänge in Richtung SW. Da die exakte Zahl in den offiziell zugäng-lichen Statistiken nicht angegeben ist, wurden entsprechend der Windverteilung überschlä-gig 6 Starts pro Stunde je Tag angesetzt … vermutlich sind es eher mehr. Das bedeutet bei einer ´Beaufschlagung´ der Wetterhütte durch die Turbinenabgase der eindrehenden Flug-zeuge von i.M. 30 Sekunden, dass in rd. 5% einer Stunde „jetblast" auf der Wetterhütte steht.

Das ist nicht so wenig, wenn man bedenkt, dass hierbei definitiv eine Temperaturerhöhung (lassen wir den konkreten Wert zunächst einmal ausser acht) ausgelöst wird. Da wir im „Klimawandel" jedoch nur in zehntel Graden rechnen, ist der Effekt ganz gewiss nicht weg-zudiskutieren. Die Abgastemperatur liegt bei mehreren hundert Grad C (EGT airbus A320), die Temperatur des eigentlichen Turbinenstrahls (am Turbinenauslass) bei immerhin auch noch über 60 Grad C. Es ist sozusagen ein riesiger Fön, der da auf die umgebende Land-schaft wirkt.

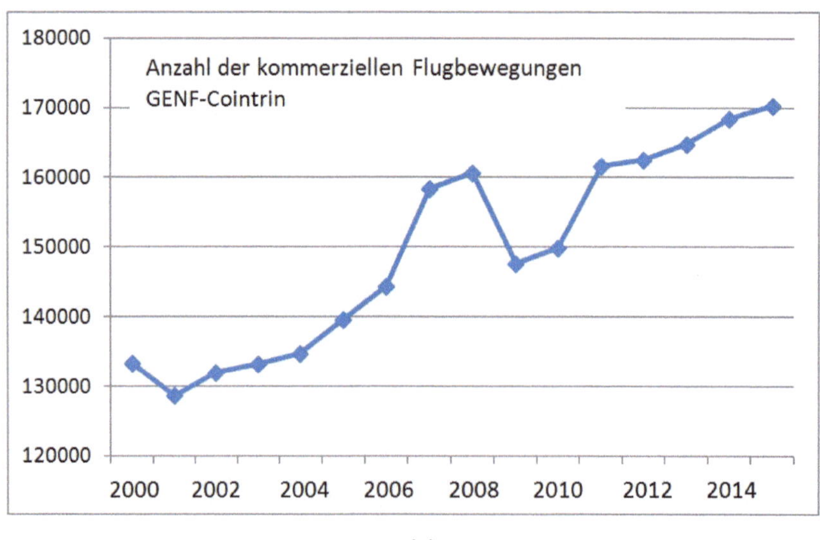

Abb. 21: Flugbewegungen am Flughafen Genf-Cointrin (nach http://www.gva.ch/de/desktopdefault.aspx/tabid-244/)

Bei einer Distanz von 200m zwischen Triebwerksauslass und Wetterhütte dürfte sich die Temperatur natürlich erheblich verringern … ´verschwinden´ wird die Energie allerdings nicht. Aber selbst wenn man annimmt, dass die Temperatur auf der Distanz um 99% abnimmt, sind dies während des „jetblast" noch immer 0,6 Grad mehr als in der eigentlichen Umgebungsluft. Da wir in Wetterhütten jedoch auf Zehntelgrad messen, haben wir hier ein Problem mit der „wahren" Lufttemperatur. Die effektive Grössenordnung des „jetblast" auf die Mitteltemperaturen der Station ist letztlich aber nur empirisch ermittelbar.

Das Phänomen ansich dürfte über die Jahre sogar zugenommen haben. Wie die Abb. 21 zeigt, herrscht, bis auf den wirtschaftlich begründeten Einbruch der Jahre 2009 und 2010, im Gesamtzeitraum eine klare Zunahme der Flugbewegungen in Genf-Cointrin um rd. 30%.

4   … bis zur Bewertung

Was die Aufnahme, Archivierung und Auswertung von Messdaten angeht, haben wir eine Klärung. Was eine Bewertung der Daten angeht, so ist dies eine andere Sache. Aber wessen ´Angelegenheit´ oder Aufgabe ist eigentlich eine „Bewertung" der vorhandenen Zahlen?
Die Frage ist schwieriger zu beantworten als es scheint. Denn während bei vielen Wirtschafts- oder überhaupt gesellschaftlichen Vorgängen zwar auch sogenannte Fachleute nach ihrer Interpretation gefragt werden, ist es bei naturwissenschaftlichen Zusammenhängen immer etwas schwieriger … Daten aus der Natur sind komplex und eigentlich niemals ´nur´ als einfache Kausalkette verständlich: Geht es so, kommt es so. Nein, das funktioniert nicht. So bleibt es also zunächst tatsächlich der Wissenschaft selbst vorbehalten, zu klären, was was bedeutet und wie man es deuten sollte. Das war in der Vergangenheit meist kein Problem. Denn die Natur ist unpolitisch. Scheinbar. Beim Umgang mit dem Klimawandel gewinnt man allerdings oft den Eindruck, als ob es auch anders sein könnte.

„Vertrauen ist gut, Kontrolle ist besser" (LENIN zugeschrieben). Seit es den Klimawandel zu geben scheint, treten zum Leidwesen vieler etablierter Wissenschaftler immer wieder „Skeptiker" auf die Bühne; zum Glück jedoch auch sogenannte Realisten.
In Kapitel 2 haben wir gesehen, dass es nicht zwingend notwendig ist, fast die gesamte ´Schuld´ um möglicherweise steigende Welttemperaturen dem CO_2 in die Schuhe zu schieben bzw. allein das CO_2 für steigende Temperaturen veranwortlich zu machen. Das heisst aber auch *nicht*, das CO_2 kein Faktor im weltweit zu beobachtenden Klimawandel sei. Nein, aber nahezu auschliesslich ebenso wenig … vor allem der Wasserdampf verdient vermutlich ebenfalls Beachtung.

Wie die Abb. 6 und Abb. 8-10 zeigen, sind Veränderungen z.B. der mitteleuropäischen Lufttemperaturen (Schweiz/Deutschland) offenbar mit den Veränderungen der Wärmeverhältnisse in den Ozeanen (PDO / AMO) verkoppelt. Es braucht nicht allein CO_2, um steigende Temperaturen zu erklären. Nochmals: Das besagt *nicht*, dass CO_2 letztlich durchaus für langfristige Temperaturveränderungen mitverantwortlich sein kann/ist, aber es ist nicht ´der´ Treiber für die periodischen Veränderungen der **Lufttemperatur-Trends**. Und das heisst auch: *Es ist ganz gewiss nicht so, dass wir „durchgehend" steigende Temperaturen haben … zumindest in der Schweiz/in Deutschland ist das nicht der Fall. Die in vielen offiziellen amtlichen Publikationen oft linear 'durchlaufenden' Geraden, die zeigen sollen, dass sich die Temperaturen seit vielen Jahren praktisch nur noch 'nach oben' entwickeln, bedürfen daher dringend einer Neubewertung.*

D'ALEO&EASTERBROOK (2011) hatten bereits einen bedenkenswerten Ansatz, in dem sie zeigen, dass PDO und AMO eine hohe Korrelation zu den Lufttemperaturen der USA besitzen. Allerdings haben die Autoren den Gedanken nicht weiter verfolgt bzw. nicht zu Ende gedacht. ZHANG&DELWORTH (2006) weisen die (positiven) Beziehungen zwischen der AMO-Veränderlichkeit und der Wahrscheinlichkeit von Niederschlägen in Indien/dem Sahel bzw. dem Auftreten von Atlantischen Hurricanes nach. Auch LATIF u.a (2006) belegen, dass die Thermohaline Zirkulation der Ozeane (THC) mit der Variation der Wassertemperaturen (SST) korreliert … auf deren Wirkung für „unser" Lebensumfeld jedoch findet sich kein Hinweis.
Die Frage ist: *Wie* könnten die Oszillationen der PDO/der AMO die Temperaturen weltweit 'bewegen'? Eine Antwort kann die Analogie zur „Warmwasserheizung mit Umluft" liefern. Das Wetter, welches für Klima verantwortlich zeichnet, ist eine stark veränderliche Grösse und 'Wetter' entsteht nicht zuletzt über den Ozeanen, für Europa vor allem im Pazifik und dem Atlantik. Gerade auch die sogenannten Wetterküchen des Atlantiks kennen wir gut, zum Beispiel jene bei den Azoren oder Island … inmitten der AMO. Was die AMO (und die PDO) letztlich antreibt, ist, wie gesagt, eher spekulativ. DIJKSTRA u.a. (2006) haben die These einer periodisch gestörten thermohalinen Zirkulation formuliert (und auch selbst noch andere Modelle in's Spiel gebracht). Tatsache ist aber ebenso, dass man im Jahr 2016 noch immer nicht wirklich weiss, welche 'tieferen' Ursachen hinter der **Veränderlichkeit** von AMO und PDO stecken.

Was uns bekannt ist: Die Lufttemperaturen hängen am Wetter, an der Sonne, an der atmosphärischen Zirkulation. Die Temperaturen des Klimas hängen darüber hinaus auch an 'Wärmespeichern', vielleicht sogar auch „nur" an weitflächigen Wärme**feldern** … und das *sind* die PDO und die AMO. Nochmals: Die Wasserflächen der Ozeane bedecken fast 71% der Erde und allein Pazifik und Atlantik nehmen davon 75% ein. Ein 'weites Feld'. Und ein Gebiet, von dem wir nachwievor nicht wirklich so viel wissen und verstanden haben, weil es wortwörtlich zu 99% „ausser Sicht" ist. Aber 'dort draussen' in den Ozeanen spielen sich mächtige Prozesse einer nahezu ununterbrochenen Energieumschichtung ab … mit der Folge einer periodisch-vorübergehend wechselnden weitflächigen Wärmeabgabe an die Atmosphäre. Wasser hat eine höhere Wärmekapazität als Luft und die *Gesamtmasse der Atmosphäre entspricht einer knapp 10m dicken Meereswasserschicht*! Der Wärmeinhalt der Ozeane ist deutlich höher als jener der Atmosphäre … die Atmosphäre enthält nur etwa 2 % der gesamten Wärmekapazität der Erde. PDO und AMO, als Mass für die Oberflächentemperaturen der jeweiligen Ozeane, haben überschlägig also durchaus einen gewaltigen Anteil an dieser 10m-Wasserschicht.

Bei Pazifik und Atlantik handelt es sich definitiv um riesige Wärmespeicher und -quellen. Es kann eigentlich gar nicht anders sein, als das diese über die atmosphärische Zirkulation die Wärme auch über den Globus verteilen und somit auch die Lufttemperaturentwicklung auf der Erde beeinflussen ... wenn nicht gar steuern. Und wenn´s im Wärmespeicher/-feld „heisser" wird, dann nimmt auch die Umgebungstemperatur (der Luft) zu. Wenn´s im Wärmespeicher/-feld der Ozeane aber abkühlt, dann sinken auch die Temperaturen *oberhalb* des Wasserkörpers. So schlicht, so ergreifend.

Die Konsequenz aus diesen Überlegungen ist jedoch weitreichend: Bisher sind die tieferen Ursachen für Verlauf und Stärke von PDO und AMO noch immer nicht bekannt, respektive nicht wirklich verstanden. Folge ist, dass qualitative und quantitative (Temperatur-)Veränderungen der PDO und AMO *nicht prognostiziert* werden können. Sollte jedoch die Hypothese einer sogenannten ozeanischen „Warmwasserheizung" real sein ... dann sind numerische Modelle derzeit *nicht* in der Lage, Aussagen zur künftigen Temperaturentwicklung der Atmosphäre zu liefern. Da Modelle bisher auch in keinem Fall die *Vergangenheit* des Verlaufs und der Stärke von PDO und AMO berücksichtigen ... können diese Modelle ebenso wenig die historischen/vergangenen Abläufe des Klimas korrekt wiedergeben/reproduzieren.

5   Zusammenfassung

Der vorliegende Artikel nutzt zur wissenschaftlichen Betrachtung des Problems „Klima- und Temperaturveränderungen" die Daten der schweizerischen Wetterstation „GENF-Cointrin", ergänzt durch ZÜRICH, GENUA und DEUTSCHLAND (gesamt). Es werden die Original- wie die homogenisierten Zahlenreihen (registriert und ausgewertet von MeteoSwiss) dargestellt. Auch das Ergebnis Dritter, wie GISS oder BERKELYEARTH, wird aufgezeigt. Mögliche Unstimmigkeiten, sowohl bei MeteoSwiss als auch bei den Datenreihen des GISS, werden kommentiert.

Die Ausführungen und Grafiken sollen dazu anregen, sich Gedanken zu machen, ob nicht im Modell des Klimawandels bisher etwas sehr Wichtigem viel zu wenig Beachtung geschenkt wurde: Dies sind die *ozeanischen Zyklen* (wie *PDO* und *AMO)* mit ihren *ausgedehnten Wasseroberflächen.* Die jeweiligen *Wasserkörper des Pazifiks bzw. Atlantiks* haben eine immanente Wärmespeicher- bzw. *Wärmeabgabefunktion* (heat flux). Daraus resultiert eine *Beeinflussung der weltweiten Lufttemperaturen,* und zwar über den *Abtransport von latenter Energie* durch die über die Meeresoberfläche hinweg streichende *atmosphärische Zirkulation* (auch) hin zu *kontinentalen Gebieten.*

Die Folge sind an- und absteigende Lufttemperaturen und im Ergebnis spüren auch entferntere Regionen der Erde (unter Beachtung der atmosphärischen Zirkulationsmuster) den wärmeren bzw. kühleren Status der ozeanischen Speicher- bzw. Meereswasserspiegel-Kontaktflächen. Das ist es, was wir in der Schweiz oder Deutschland realisieren können: Zeiträume mit zu- bzw. abnehmenden Temperaturen.

Sind die ´schwingenden´ Wärmeniveaus der ozeanischen Oszillationen sowohl des Pazifiks (PDO) als auch des Atlantiks (AMO) bzw. deren Zusammenspiel, eine denkbare Ursache für den zeitraumveränderlichen Verlauf der Temperaturen in Europa ... ob (beispielhaft) in eher *städtischer Umgebung (Genf* und *Zürich),* ob in einer südlich der Schweiz gelegenen und bereits *mediterranen Region (Genua)* oder ob in einer zusammenhängenden *Fläche* eines *nördlich der Schweiz* gelegenen *ganzen Landes (Deutschland)*?

Es ist grundsätzlich nicht neu, dass es Korrelationen auch der ENSO (**El Niño-S**outhern **O**scillation) zu den weltweit zu beobachtenden Lufttemperaturen gibt. Diskutiert werden sollte jedoch, ob es sich nur um eine einfache ´Beziehung´ handelt oder ob es sich vielmehr um eine Art *„Warmwasserheizung mit Umluft"* (eingeschränkte Analogie!) handelt, in Form von den energiereichen Wasserkörpern der Ozeane mit ihrer *periodisch wärmenden* (*positive* AMO/PDO) bzw. *kühlende*n (*negative* AMO/PDO) *Wirkung* .

Könnte es sein, dass wir bisher den „Elefanten im Raum" übersehen haben?

Sicher ist, dass die Veränderungen der PDO und der AMO mit dem langfristigen „auf und ab" der Lufttemperatur-Mittelwerte in der Schweiz bzw. Deutschlands korrelieren. CO_2, das von vielen als Primärfaktor für die Entwicklung hin zu immer höheren Temperaturen angesehen wird, spielt vermutlich eine Rolle im Geschehen *insgesamt* ansteigender Lufttemperaturen … ist aber offenbar kein bestimmender Faktor für die ozeanisch beeinflussten „Grundschwingungen" der Lufttemperatur-*Veränderlichkeit* in Mitteleuropa.

6 Literatur

Barcikowska, M.J. u.a. (2016): Observed and simulated fingerprints of multidecadal climate variability, and their contributions to periods of global SST stagnation. In: AMS, 2016

Baudraz, G. u.a. (2003): Homogenisierung von Klimamessreihen der Schweiz und Bestimmung der Normwerte 1961-1990. Schlussbericht des Projekts NORM90, MeteoSchweiz 2003

Bosse, F. & Vahrenholt, F. (2016): Die Sonne im Oktober 2016 und die Ozeane im „Klima"-Modell und der Realität. In: http://www.diekaltesonne.de/die-sonne-im-oktober-2016-und-die-ozeane-im-klima-modell-und-der-realitat/

Bubenzer, O. und Radtke, U. (2007): Natürliche Klimaänderungen im Laufe der Erdgeschichte. In: Der Klimawandel – Einblicke, Rückblicke und Ausblicke (Klimawandel). Humboldt-Universität, Berlin 2007

Cheng, W. u.a. (2013): Atlantic meridional overturning circulation (AMOC) in CMIP5 models: RCP and historical simulations.In: *J. Climate*, 26, 7187–7197.

Chikamoto, Y. u.a. (2016): Potential tropical Atlantic impacts on Pacific decadal climate trends. In: Geophysical Research Letters, 43, 2016

Compo, G.P. und Sardeshmukh, P.D. (2009): Oceanic influences on recent continental warming. Climate Dynamics, 32, 333-342

D´Aleo und Easterbrook, D. (2011): Relationship of Multidecadal Global Temperatures to Multidecadal Oceanic Oscillations. In: Evidence Based Climate Change Series, 2011, p.161-184

Dahm, K.-P. , Laves, D. und Merbach, W. (2015): Der heutige Klimawandel. Eine kritische Analyse des Modells von der menschlich verursachten globalen Erwärmung. Mitteilungen Agrarwissenschaften Bd. 27. Verlag Dr.Köster, Berlin 2015

Dijkstra, H.A., te Raa, L., Schmeits, M. et al. (2006): On the physics of the Atlantic Multidecadal Oscillation. In: Ocean Dynamics 56, 2006

Füllemann, C., Begert, M., Croci-Maspoli, M., S. Brönnimann: 2011, Digitalisieren und Homogenisieren von historischen Klimadaten des Swiss NBCN – Resultate aus DigiHom, Arbeitsberichte der MeteoSchweiz, 236, 48 pp

Gouretzki, V. u.a. (2012): Consistent near-surface ocean warming since 1900 in two largely independent observing networks. In: Geophysikal Research Letters 39, 2012

Hager, K. (2013): Vor- und Nachteile durch die Automatisierung der Wetterbeobachtungen und deren Einfluss auf vieljährige Klimareihen. In: Beilage zur Berliner Wetterkarte, herausgegeben vom Verein BERLINER WETTERKARTE e.V.zur Förderung der meteorologischen Wissenschaft , c/o Institut für Meteorologie der Freien Universität Berlin

Han, Z. u.a. (2016): Simulation by CMIP5 models of the atlantic multidecadal oscillation and its climate impacts. In: Advances in Atmospheric Sciences, v. 33, no. 12, p. 1329-1342.

IPCC (2014): Fifth Assessment Report, AR5, Genf 2014

Jacobeit, J. (2007): Zusammenhänge und Wechselwirkungen im Klimasystem. In: Der Klimawandel – Einblicke, Rückblicke und Ausblicke. Humboldt-Universität, Berlin 2007

Klöver, M., Latif, M. u.a. (2014): Atlantic meridional overturning circulation and the prediction of North Atlantic sea surface temperature. In: Earth and Planetary Science Letters, 406, 2014

Latif, M. u.a. (2006): Is theThermohaline Circulation Changing? In: Journal of Climate, 19, 2006

Levitius, S. u.a. (2012): World Ocean heat content and thermosteric sea level change (0-2000m), 1955-2010. Geophys.Res.Letters 39, 2012

Limburg, M. (2010): Analyse zur Bewertung und Fehlerabschätzung der globalen Daten für Temperatur und Meeresspiegel und deren Bestimmungsprobleme. Unveröffentlicht
Lyman, J.M. und Johnson, G.C. (2013): Estimating Global Ocean Heat Content Changes in the Upper 1800m since 1950 and the Influence of Climatology Choice. In: Joint Institute for

Marine and Atmospheric Research, University of Hawai' and NOAA/Pacific Marine Environmental Laboratory, Seattle, Washington, 2012)

Lyman, J.M. & Johnson, G.C. (2014): Oceanography: Where's the heat? In: Nature Climate Change 4, 956–957, 2014

Mauritzen, C. u.a. (2012): Importance of density-compensated temperature change for deep North Atlantic Ocean heat uptake. In: Nature Geoscience, 10, 2012

McCarthy, G.D. u.a. (2015): Ocean impact on decadal Atlantic climate variability revealed by sea-level observations. In: Nature 521, 508–510, May 2015

Meehl, G.A. u.a. (2016): Contribution of the Interdecadal Pacific Oscillation to twentieth-century global surface temperature trends. In: Nature Climate Change 6, 2016

MeteoSchweiz (2010): Originale und homogene Reihen im Vergleich. Temperaturentwicklung an 12 Standorten des MeteoSchweiz-Messnetzes mit langjährigen Messreihen ab 1864. EDI, Bundesamt für Meteorologie 2010

Petit, J.R. u.a. (1999): Climate and atmospheric history of the past 420.000 years from the Vostok Ice core, Antarctica. In: Nature, 399, 1999

Quadfasel, D..(2005): The Atlantic heat conveyor slows. In: *Nature* 438, 2005

Roemmich, D. (2012): New Comparison of Ocean Temperatures Reveals Rise over the Last Century. In: Scripps Institution of Oceanography, San Diego 2012

Schulz, K. und Riebesell, U. (2012): Versauerung des Meerwassers durch anthropogenes CO_2. In: Lozan, J., Warnsignal Klima: Die Meere – Änderungen und Risiken (2012)

Svensmark, H.& Friis-Christensen, E. (1997): Variation of cosmic ray flux and global cloud coverage—a missing link in solar-climate relationships. In: Journal of Atmospheric and Solar-Terrestrial Physics, Volume 59, Issue 11, July 1997, Pages 1225-1232

Vahrenholt, F. und Lünig, S. (2012): Die kalte Sonne. Hoffmann und Campe, Hamburg 2012 (Nachrichten- und Kommentarseiten zum Klimawandel unter www.kaltesonne.de)

Wunsch, C. und Heimbach, P. (2014): Bidecadal Thermal Changes in the Abyssal Ocean. In: Journal of Physical Oceanography, 44, 8, 2014

www.climate4you.com (Daten zu Temperaturen, OHC, Oszillationen etc. aus NOAA u.a.)

www.icecap.us/images/uploads/US_Temperatures_and_Climate_Factors_since_1895.pdf

Zhang, R. and Delworth, T. (2006): Impact of Atlantic multidecadal oscillations on India/Sahel rainfall and Atlantic hurricanes. In: Geophysical research letters, Vol. 33, 2006